《收费政策相关文件汇编》

编　委　会

主　　编　刘建民

副 主 编　张连军

编　　审　苏田斌　杨晓波

执　　笔　孙晓宁

收费政策相关文件汇编

SHOUFEI ZHENGCE XIANGGUAN WENJIAN HUIBIAN

河北华能京张高速公路有限责任公司 编

图书在版编目(CIP)数据

收费政策相关文件汇编 / 河北华能京张高速公路有限责任公司编. — 北京:人民交通出版社, 2012.9

ISBN 978-7-114-10080-2

Ⅰ. ①收… Ⅱ. ①河… Ⅲ. ①高速公路 - 公路费用 - 征收 - 文件 - 汇编 - 河北省 Ⅳ. ①F542.5

中国版本图书馆 CIP 数据核字(2012)第 217044 号

书　　名: **收费政策相关文件汇编**
著 作 者: 河北华能京张高速公路有限责任公司
责任编辑: 郭红蕊
出版发行: 人民交通出版社
地　　址: (100011)北京市朝阳区安定门外外馆斜街 3 号
网　　址: http://www.ccpress.com.cn
销售电话: (010)59757969,59757973
总 经 销: 人民交通出版社发行部
经　　销: 各地新华书店
印　　刷: 北京市密东印刷有限公司
开　　本: 880 × 1230　1/16
印　　张: 5
字　　数: 128 千
版　　次: 2012 年 9 月　第 1 版
印　　次: 2012 年 9 月　第 1 次印刷
书　　号: ISBN 978-7-114-10080-2
定　　价: 30.00 元
(有印刷、装订质量问题的图书由本社负责调换)

前　言

整理汇编收费政策相关文件，对于提高收费管理水平，尤其是对收费人员全面、系统地掌握相关收费政策和收费标准，进而为过往司乘人员提供更好的服务具有积极作用。

《收费政策相关文件汇编》整理了从2001年至2012年上半年相关收费文件，在资料的搜集和编写过程中，虽经编审组全体人员反复推敲核证，但由于时间跨度较大，仍难免有不妥甚至疏漏之处，恳请读者在使用过程中发现问题及时函告编审组并提出宝贵意见和建议。

《收费政策相关文件汇编》
编审组

目　录

1. 关于京张高速公路宣化至土木段收取车辆通行费的通知

（河北省物价局　河北省财政厅　冀价行费〔2001〕21 号　2001 年 6 月 21 日）

省交通厅：

京张高速公路全长 79.876 公里，预算投资 27.8 亿元。一期工程宣化至土木段全长 51 公里（其中包括特大桥 4 座、大桥 9 座、中桥 12 座、小桥 33 座，合计长度 5093 米），预算投资 15.8 亿元。一期工程将于 2001 年 7 月份竣工通车。现将该路段的车辆通行费收费方式、收费标准及有关事宜通知如下：

一、收费方式和收费标准。

因一期工程通行车里程较短，只设有 5 个收费站，为照顾大多数过往车主的利益，采用一个区段分车型计费方式。具体车型划分及收费标准如下：

车　　型	货车（吨）	客车（座）	收费标准（元/车公里）
小型	≤1	≤10	0.40
中型	>1 且≤7	>10 且≤28；≤23 铺位	0.70
大型	>7 且≤14	>28 且≤50；>23 铺位	1.10
重型	>14 且≤20	>50；双层客车	1.50
特型 1	>20 且≤30		0.09 元/吨公里
特型 2	>3 且≤40		0.10 元/吨公里
特型 3	>40		0.11 元/吨公里

二、免征范围。

（1）设有固定装置的、正在执行紧急任务的警车、囚车、消防车、救护车；

（2）中国人民解放军、武装警察部队在编车辆及其他抢险救灾车辆。

三、河北华能京张高速公路有限责任公司要做好宣传和收费管理工作，尽快到省物价部门办理（河北省收费许可证），凭证收费。

本通知自 2001 年 6 月 28 日起执行，收费年限另行制定。

附件：区段收费表

附件

区段收费表

小型车

土木	5	10	15	20
	沙城	5	10	15
		鸡鸣驿	5	10
			下花园	5
				戴家营

中型车

土木	10	20	25	35
	沙城	10	20	25
		鸡鸣驿	10	20
			下花园	10
				戴家营

大型车

土木	15	30	40	60
	沙城	15	30	40
		鸡鸣驿	15	30
			下花园	15
				戴家营

重型车

土木	20	40	60	80
	沙城	20	40	60
		鸡鸣驿	20	40
			下花园	20
				戴家营

特型1

土木	30	60	90	115
	沙城	30	60	90
		鸡鸣驿	30	60
			下花园	30
				戴家营

特型2

土木	45	90	130	180
	沙城	45	90	130
		鸡鸣驿	45	90
			下花园	45
				戴家营

特型3

土木	60	110	170	225
	沙城	60	110	170
		鸡鸣驿	60	110
			下花园	60
				戴家营

2. 关于京张高速公路二期工程收取车辆通行费的通知

（河北省物价局　河北省交通厅　冀价行费字〔2002〕52号　2002年10月24日）

省高速公路管理局：

京张高速公路全长79.189公里，总投资27.8亿元，分两期建设。一期工程宣化至土木段已于2001年通车收费，二期工程沙城至冀京界段于2002年11月18日正式竣工通车。经省政府批准，沙城至冀京界段设收费站2个，其中主线收费站1个（冀京界主线收费站），互通立交匝道收费站1个（东花园收费站）。

二期工程通车运营后，原土木收费站撤销。收费方式、车型划分、收费标准等事宜均按照原河北省物价局、财政厅冀价行费字〔2001〕21号文件执行。

本通知自下发之日起执行。

附件：京张高速公路各站收费梯形表

附件

京张高速公路各站收费梯形表

小型车

	东花园	沙城	鸡鸣驿	下花园	戴家营
冀京界	5	15	20	25	30
东花园		10	15	20	25
沙城			5	10	15
鸡鸣驿				5	10
下花园					5

中型车

	东花园	沙城	鸡鸣驿	下花园	戴家营
冀京界	10	30	40	50	60
东花园		20	30	40	50
沙城			10	20	30
鸡鸣驿				10	20
下花园					10

大型车

	东花园	沙城	鸡鸣驿	下花园	戴家营
冀京界	15	45	60	75	90
东花园		30	45	60	75
沙城			15	30	45
鸡鸣驿				15	30
下花园					15

重型车

	东花园	沙城	鸡鸣驿	下花园	戴家营
冀京界	20	60	80	100	120
东花园		40	60	80	100
沙城			20	40	60
鸡鸣驿				20	40
下花园					20

特型1

	东花园	沙城	鸡鸣驿	下花园	戴家营
冀京界	30	90	120	150	180
东花园		60	90	120	150
沙城			30	60	90
鸡鸣驿				30	60
下花园					30

特型2

	东花园	沙城	鸡鸣驿	下花园	戴家营
冀京界	45	135	180	225	270
东花园		90	135	180	225
沙城			45	90	135
鸡鸣驿				45	90
下花园					45

特型3

	东花园	沙城	鸡鸣驿	下花园	戴家营
冀京界	60	180	240	300	360
东花园		120	180	240	300
沙城			60	120	180
鸡鸣驿				60	120
下花园					60

3. 关于调整全省收费公路车型划分及降低部分类型车辆通行费收费标准的通知

(河北省物价局　河北省交通厅　冀价行费字〔2005〕第4号　2005年1月27日)

各设区市物价局、交通局、省高管局、项目办、道路开发中心:

为了降低大型车辆的运输成本,减轻企业负担,根据交通部、国家发展和改革委员会《印发关于降低车辆通行费收费标准的意见的通知》精神,结合交通部2003年颁布的《收费公路车辆通行费车型分类》的行业标准,经研究,制定了统一全省收费公路车型划分及降低部分类型车辆通行费收费标准的实施方案。经省政府批准,现通知如下:

一、统一车型划分标准。

按照交通部JT/T 489—2003标准的规定,全省收费公路车型分类统一执行以下标准:

类　别	货车(吨)	客车(座)
第1类	≤2	≤7
第2类	2~5(含5)	8 ~ 19
第3类	5~10(含10)	20 ~ 39
第4类	10~15(含15) 20、40英尺集装箱车	≥40
第5类	>15	

二、降低部分类型车辆通行费标准。

交通部、国家发改委要求,第5类货车收费标准的调整,以第3类货车现行标准的1.4倍为基数,高于基数的在现行收费标准基础上降低30%;第4类货车收费标准的调整,以第3类货车现行标准的1.2倍为基数,高于基数的在现行收费标准基础上降低20%;如调整后低于或等于基数的则按基准数收取。

根据上述原则核定的全省高速公路车辆通行费收费标准见附件1;分类核定的普通公路车辆通行费收费标准见附件2,请对照执行;各高速公路收费标准阶梯表见附件3。

唐津高速公路河北段的车辆通行费收费标准由省交通部门按照河北省政府办公厅办字〔2004〕250号文件精神,结合本通知要求和国家有关宏观调控政策提出相应收费标准报省物价部门核定后执行。

三、统一后的车型分类依据为国家有关行政主管部门核定的座位数或额定的载质量(千克)。当单车拖拽另一辆挂车时,该组合车辆的车型按照主、挂车额定的载质量合并计量。

四、第5类车型按吨公里计费涉及车型复杂,故采用分段取中的方式计费。

五、本通知自2005年2月1日起执行。收费单位应及时到物价部门办理《收费许可证》变更手续,并做好收费标准的公示工作。

附件:1. 河北省高速公路车辆通行费收费标准一览表
2. 河北省普通公路车辆通行费收费标准一览表
3. 各高速公路收费标准阶梯表

附件1

河北省高速公路车辆通行费收费标准一览表(单位:元)

序　　号	高速公路名称	收费标准(元/车公里)					备　　注
		第1类	第2类	第3类	第4类	第5类	
1	京沈高速宝坻至山海关段	0.4	0.7	1.1	1.36	0.09/吨公里	
2	京张高速公路	0.4	0.7	1.1	1.32	0.08/吨公里	
3	石黄高速公路	0.3	0.5	1	1.2	0.07/吨公里	
4	京沪高速公路	0.4	0.6	1.06	1.28	1.48	
5	宣大高速公路	0.35	0.6	1	1. 2	0.07/吨公里	
6	保津高速公路	0.3	0.5	1	1.2	0.07/吨公里	
7	石太高速公路	0.36	0.72	1.44	1.73	0.1/吨公里	
8	石安高速公路	15	25	40	50	0.05/吨公里	元/区段
9	京石高速公路	15	25	40	50	0.05/吨公里	元/区段
10	京沈高速公路廊坊段	0.5	1	1.5	1.8	2.1	
11	唐港高速公路	5	10	15	20	25	元/区段
12	唐山西外环高速公路	0.4	0.7	1.1	1.36	0.09/吨公里	
13	衡德高速公路	0.3	0.5	1	1.2	0.07/吨公里	
14	丹拉高速公路	9	15	25	30	40	
15	邯长高速公路	5	10	15	20	30	元/站

附件 2

河北省普通公路车辆通行费收费标准一览表

表 1

类　　别	客车(座)	货车(吨)	收费标准(元/车次)
第 1 类	≤7	≤2	10
第 2 类	8～19	2～5(含 5)	15
第 3 类	20～39	5～10(含 10)	25
第 4 类	≥40	10～15(含 15) 20、40 英尺集装箱车	30
第 5 类		>15	40

表 2

类　　别	客车(座)	货车(吨)	收费标准(元/车次)
第 1 类	≤7	≤2	10
第 2 类	8～19	2～5(含 5)	20
第 3 类	20～39	5～10(含 10)	35
第 4 类	≥40	10～15(含 15) 20、40 英尺集装箱车	40
第 5 类		>15	55

表 3

类　　别	客车(座)	货车(吨)	收费标准(元/车次)
第 1 类	≤7	≤2	5
第 2 类	8～19	2～5(含 5)	10
第 3 类	20～39	5～10(含 10)	15
第 4 类	≥40	10～15(含 15) 20、40 英尺集装箱车	20
第 5 类		>15	25

附件3

各高速公路收费标准阶梯表

第1类

					戴家营
				下花园	5
			鸡鸣驿	5	10
		沙城	5	10	15
	东花园	10	15	20	25
冀京界	5	15	20	25	30

第2类

					戴家营
				下花园	10
			鸡鸣驿	10	20
		沙城	10	20	30
	东花园	20	30	40	50
冀京界	10	30	40	50	60

第3类

					戴家营
				下花园	15
			鸡鸣驿	15	30
		沙城	15	30	45
	东花园	30	45	60	75
冀京界	15	45	60	75	90

第4类

					戴家营
				下花园	20
			鸡鸣驿	20	35
		沙城	20	35	55
	东花园	35	55	70	90
冀京界	20	55	70	90	105

第5类(15~30t)

					戴家营
				下花园	25
			鸡鸣驿	25	50
		沙城	25	50	75
	东花园	50	75	100	125
冀京界	25	75	100	125	145

第5类(31~45t)

					戴家营
				下花园	40
			鸡鸣驿	40	80
		沙城	40	80	120
	东花园	80	120	160	205
冀京界	40	120	160	205	245

第5类(>45t)

					戴家营
				下花园	50
			鸡鸣驿	50	100
		沙城	50	100	145
	东花园	100	145	195	245
冀京界	50	145	195	245	295

4. 关于下达河北省高速公路二片区联网收费额表的通知

（河北省交通厅　冀交征〔2006〕548 号　2006 年 12 月 6 日）

张家口市交通局、高管局、通信局：

根据高速公路联网计划安排，张石高速公路一期将于 2006 年 12 月 8 日凌晨并入二片区网中。根据省物价局、交通厅《关于调整全省收费公路车型划分及降低部分类型车辆通行费收费标准的通知》（冀价行费字〔2005〕4 号）、省物价局、财政局《关于下达丹拉高速公路河北段收费标准的通知》（冀价行费字〔2005〕42 号）及《关于张石高速公路张北至旧罗家洼段车辆通行费收费标准的通知》（冀价行费字〔2006〕37 号）批复精神，对张石高速公路一期并入二片区联网后的费额表进行了审核，现将河北省高速公路二片区联网收费费额表下发给你们，请遵照执行。

附件：河北省高速公路二片区联网收费费额表（京张路）

附件

河北省高速公路二片区联网收费费额表（京张路）

一类车

收费站	宣化东	下花园	鸡鸣驿	沙城	东花园	冀京界	宣化	深井	化稍营	东城	阳原	冀晋主线	宣化北	张家口东	万全	郭磊庄	怀安	东洋河	张北主线	张北南	张家口北	张家口南	胶泥湾
宣化东	0	5	10	15	25	30	5	15	25	25	40	45	5	10	15	20	25	40	40	35	20	15	20
下花园		0	5	10	20	25	10	20	30	30	45	50	10	15	20	25	30	45	45	40	25	20	25
鸡鸣驿			0	5	15	20	15	25	35	35	50	55	15	20	25	30	35	50	50	45	30	25	30
沙城				0	10	15	20	30	40	40	55	60	20	25	30	35	40	55	55	50	35	30	35
东花园					0	5	30	40	50	50	65	70	30	35	40	45	50	65	65	60	45	40	45
冀京界						0	35	45	55	55	70	75	35	40	45	50	55	70	70	65	50	45	50

5. 关于我省收费公路载货车辆计重收费费率标准及有关问题的通知

（河北省物价局　河北省交通厅　河北省财政厅
冀价行费字〔2007〕24号　2007年7月10日）

各设区市物价局、交通局、财政局：

为进一步完善车辆通行费计量方式，以经济手段引导、调控货运车辆合理装载，遏制超限超载车辆，减轻路面治超压力，逐步建立以疏导为主的长效治超机制，省政府决定对收费公路载货车辆逐步试行计重收费。经省政府批准，现将我省收费公路载货车辆计重收费费率标准及有关问题通知如下：

一、计重收费标准

载货车辆实施计重收取车辆通行费。实施计重收费后，通行费主要依据行驶里程、车辆重量和费率系数确定。载客车辆（包括载客类汽车、手扶或小四轮拖拉机、机动载客三轮车）通行费收取仍按现行车型分类及收费标准执行。

（一）计重收费基本费率。

（1）封闭式高速公路：载货车辆实施计重收费后，唐津、保津、石太、京张0.08元/吨公里，京秦廊坊段、丹拉、张石、京承0.075元/吨公里，京石、石安、青银、邢临、邯长、京秦宝山段、唐山西外环、长深、宣大0.07元/吨公里，京沪河北段、沧黄0.065元/吨公里，石黄、衡德、唐港0.06元/吨公里。

（2）开放式普通收费公路：白洋淀大桥、李家沟隧道、109线阳原、营涝线营子、承秦出海路秦青和205线新河庄收费站计重基本费率1.0元/吨车次；其他普通公路收费站计重基本费率1.7元/吨车次。

（二）正常装载（不超限）车辆计重收费标准。

（1）高速公路。车货总质量小于或等于10吨的车辆按基本费率计费，10吨至49吨的车辆按基本费率线性递减到基本费率的55%计费，大于49吨的车辆按基本费率的55%计费。

（2）普通公路。车货总质量小于或等于10吨的车辆按基本费率计费，10吨至49吨的车辆按基本费率线性递减到基本费率的50%计费，大于49吨的车辆按基本费率的50%计费。

（三）超限运输车辆计重收费标准。

（1）超限率≤30%的车辆，正常装载部分按递减后的基本费率计费（车货总质量小于

或等于10吨的车辆按基本费率计费)，超限0～30%部分按基本费率计费。

(2) 30%＜超限率≤100%的车辆，正常装载部分按递减后的基本费率计费(车货总质量小于或等于10吨的车辆按基本费率计费)，超限0～30%部分按基本费率计费，超限30%～100%部分按基本费率1倍线性递增至6倍计费。

(3) 超限率＞100%的车辆，正常装载部分按递减后的基本费率计费(车货总质量小于或等于10吨的车辆按基本费率计费)，超限0～30%部分按基本费率计费，超限30%～100%部分按基本费率1倍线性递增至6倍计费，超限100%以上部分按基本费率的6倍计费。

(四) 计费取整办法。实施计重收费后，为了车辆通行费收缴便利，按照"三七作五、二八归零"的原则确定通行费具体金额。车货总质量不足5吨时按5吨计费；计费不足5元时按5元计收。

(五) 试行计重收费后，收费公路收费年限，仍按省政府有关规定执行。

(六) 以上费率标准为试行标准，根据试行情况，再由省物价局会同省交通厅、财政厅提出正式费率标准意见，并报省政府批准。

二、特殊车辆处理

(一) 集装箱车。仍执行按车型划分的现行优惠收费标准。

(二) 按国家和省政府有关规定应予免缴通行费和享受"绿色通道"优惠政策的载货车辆，超限运输时，按计重收费的计费标准金额收取通行费，不再享受减免政策。

(三) U型车。指IC卡中记载的入口站和出口站信息相同的车辆。此类车辆入出站时间在30分钟(含30分钟)以内的，免收通行费；入出站时间在30分钟以上的，无正当理由和证据，按路网中距离本站最远收费站收费标准的2倍收取通行费。

(四) 无卡车。指由于车主原因，将IC卡遗失的车辆。此类车辆按路网中距离本站最远收费站收费标准的2倍收取通行费。另外，收取IC卡成本费，每卡10元。

(五) 人为损卡车。指车主持有有明显人为损坏痕迹的IC卡，导致出口无法读取卡上信息的车辆。此类车辆经系统查询，如果入口信息与实际车辆一致，则按照实际行驶里程收取通行费；另外，收取IC卡成本费，每卡10元；如果不一致，则按照"换卡车"处理；另外，收取IC卡成本，每卡10元。

(六) 换卡车。指出口的车辆与出示的入口站发放的IC卡中记录的相关信息不一致的车辆。此类车辆按路网中距离本站最远收费站的收费标准收取通行费并加收2倍票款。

(七) 伪卡车。指伪造IC卡的车辆。对伪造IC卡的车辆，没收伪卡，按路网中距离本站最远收费站的收费标准收取通行费加收2倍票款；另外，收取IC卡成本费，每卡10元。同时，出口站将处理情况上报结算中心，伪卡持有者送交公安机关处理。

(八) 超时车。指路网内出入站时间超过24小时以上、路段内出入时间超过12小时以上的车辆。经系统查询，出入口信息一致，但无正当理由和证据，按路网最大里程收取通行费；若出入口信息不一致，按"换卡车"处理。

(九) 出口闯卡车。指在出站口冲岗的车辆。闯卡车除按相关规定收取通行费外，并加收2倍票款。

（十）车道收费系统采取两种收费方式并行使用，当计重设备出现故障时，改为按车型收费方式收费。

（十一）经有关部门批准，持有大件运输车辆通行证的载货车辆不做超限处理，按实际重量计费。

（十二）月票车。普通收费公路载货车辆办理月票的现行政策不变。符合条件购买月票的载货汽车超限30%以上时，超限部分按计重收费标准收费。

（十三）客货两用车，按照载货类汽车实施计重收费。

三、保障措施

（一）广泛宣传。对货车试行计重收费是一项全新的工作，涉及面广、影响大，各级交通部门要提前开展宣传教育工作。要加强与新闻媒体的联系与沟通，充分发挥新闻媒体的作用，坚持正确的舆论导向，多角度、全方位提前宣传国家关于计重收费的有关政策，深入源头宣传车辆超限超载的严重后果，将宣传工作贯穿于计重收费工作的全过程，通过收费站等向过往驾驶员开展系列宣传活动，使其深刻认识超限运输的危害，正确认识国家实施计重收费政策的合理性。要向社会公布咨询投诉电话，及时掌握有关信息，为群众释疑解惑，协调解决工作中出现的有关问题。

（二）实施预警运行。在正式启动计重收费前，要进行为期一个月的预警运行，在预警运行期间，仍执行现行的车型分类及收费标准，但须通过计重收费系统称重，向超载车主进行预警提示，公示车辆超过公路承载能力比例和计重收费应缴通行费额，强化政策宣传，教育、劝导车主规范运输，使其充分了解、接受、支持计重收费。

（三）制订应急预案。各级交通主管部门要会同有关部门制订切实可行的应急预案，明确责任，保障计重收费的顺利实施。遇到紧急情况，立即启动预案，维护正常的交通秩序。

本通知自2007年7月15日起执行。

6. 转发交通部关于检查落实生猪及猪肉等鲜活农产品绿色通道运输工作情况的通知

（河北省交通厅　冀交传征〔2007〕23 号　2007 年 8 月 10 日）

各设区市政府，省高管局、项目办、开发中心：

现将交通部《关于检查落实生猪及猪肉等鲜活农产品绿色通道运输工作情况的通知》（交公路发明电〔2007〕8 号，见附件）转发给你们，并提出如下要求，请一并贯彻执行。

一、严格按照交通部《关于认真做好生猪及猪肉等副食运输工作的通知》（交公路明电〔2007〕5 号）的各项要求，对所管辖路段进行一次全面检查，并确定一名领导专门负责。要对照通知要求，逐项抓好落实，做好迎接交通部检查的准备工作，凡是检查内容缺项的，要立即进行增补，对交通部检查时问题存在比较严重的，要追究有关单位领导的责任。

二、高度重视，进一步完善各项措施。按交通部及省交通厅的要求，进一步完善“绿色通道”指示牌和公路沿线“绿色通道”指路标志设施的建设及执行“绿色通道”政策具体措施，严格执行“绿色通道”政策，确保运输生猪、猪肉等鲜活农产品的车辆运输通畅。

三、各单位对贯彻落实交通部文件精神和省交通厅要求、保障生猪、猪肉等鲜活农产品运输采取的措施，生猪、猪肉等鲜活农产品的运输情况，包括道路运输完成的运量、执行“绿色通道”政策、车辆通行费减免等及时进行总结，于 8 月 15 日前报省征稽局。联系人：王恒义，联系电话：0311－83030202 转 2261，传真：0311－83050074。

附件

交通部明传电报

发往　　　　　　　　　　　　　　签批
地址　　　　　　　　　　　　　　盖章

等级　　特急　　　　　　　　交公路发明电〔2007〕8 号

关于检查落实生猪及猪肉等鲜活农产品绿色通道运输工作情况的通知

各省、自治区、直辖市交通厅(局、委),上海市港口管理局,中远、中海、长航集团:

最近国务院下发了《关于促进生猪生产发展稳定市场供应的意见》,对扶持生猪生产、稳定市场供应采取了一系列重要措施,并提出了明确的要求。为了贯彻国务院的通知精神,进一步做好生猪、猪肉等鲜活农产品的运输保障工作,现将有关事项通知如下:

一、高度重视生猪和猪肉等鲜活农产品的运输工作,生猪生产和猪肉等鲜活农产品供应是关系经济发展、社会稳定和民生的一件大事,当前各级交通部门和运输企业要把生猪、猪肉等鲜活农产品运输作为一项重点任务,对照部《关于认真做好生猪及猪肉等副食品运输工作的通知》(交公路明电〔2007〕5 号)的各项要求,对生猪、猪肉等鲜活农产品运输的运力安排、运输市场监控、应急预案准备、"绿色通道"畅通等情况进行全面检查,认真落实通知的各项要求,切实做好生猪、猪肉等鲜活农产品的运输保障工作。

二、要切实落实"绿色通道"政策。开展专项检查,对运输生猪、猪肉等鲜活农产品的车辆,各公路收费站要严格按照本省"绿色通道"政策规定,优先予以放行,并按规定减免通行费。严禁违反规定对运输生猪、猪肉等鲜活农产品的车辆乱检查、乱罚款。对因未按规定执行"绿色通道"政策,造成运输不畅甚至损失的,要依法依纪追究有关责任人的责任。

三、要进一步强化运输市场动态监测,特别是对生猪饲养大县(农场)、规模化养猪场要调查运输需求情况,帮助解决饲料和生猪运输中存在的问题,在中秋、"十一"、春节等重要节日运输高峰时段,一旦发现运输紧张情况,要及时协调组织运力,保证运输。

四、在生猪运输组织中,要积极配合有关部门,做好卫生防疫工作,采取必要措施,防止通过运输环节传播生猪疫情。

五、及时汇总、上报生猪、猪肉等鲜活农产品运输情况。各地要对贯彻落实国务院文件精神,保障生猪、猪肉等鲜活农产品运输采取的措施,生猪、猪肉等鲜活农产品的运输情况,包括道路运输完成的运量、执行"绿色通道"政策、车辆通行费减免情况等及时进行汇总,于 8 月 20 日前向部报告,重大情况要及时报送。

二〇〇七年八月二日

抄送:国务院办公厅,国家发展改革委。

7. 关于我省收费公路对集装箱运输车辆实行计重收费的通知

（河北省物价局　河北省交通厅　河北省财政厅
冀价行费〔2008〕4号　2008年1月17日）

各设区市物价局、交通局、财政局：

随着我省收费公路载货车辆实施计重收费工作的开展，近期发现部分车主利用我省对集装箱运输暂不实行计重收费的政策，使用集装箱车辆超限装载铁粉、煤炭、建材等重物资，并且超限严重。如不及时采取有效措施，在我省境内集装箱超限运输车辆有不断上升的趋势。为此，我们本着既要利用经济手段遏制车辆超限运输，又不增加合法装载的集装箱运输车辆负担的原则，结合进一步落实省政府要求对进出我省港口的集装箱车辆给予更多优惠政策的指示精神，制订了我省收费公路对集装箱运输车辆实行计重收费的实施方案，已报省政府批准，现将有关事项通知如下：

一、对在我省收费公路行驶的集装箱运输车辆实行计重收费。为了不增加合法装载的集装箱运输车辆的缴费负担，集装箱运输车辆计重后缴费额在按省政府批准的《我省收费公路载货车辆计重收费费率标准方案》计算的基础上，给予30%的优惠。

二、加大对进出我省港口的集装箱运输车辆的优惠力度，凡进出我省秦皇岛港、京唐港、黄骅港、曹妃甸港以及石家庄内陆港的集装箱运输车辆，其计重后缴费额在按省政府批准的《我省收费公路载货车辆计重收费费率标准方案》计算的基础上，给予50%的优惠。具体实施方案另行确定。

三、集装箱运输车辆超限30%以上时不享受上述优惠政策。

四、本通知执行时间：京秦高速公路廊坊段、京秦高速公路宝山段、唐津、唐港、唐山西外环、沿海和承唐7条段高速公路，自2008年1月18日起对集装箱运输车辆实行计重收费。其他收费公路的集装箱车辆以及对进出我省港口的集装箱运输车辆的优惠政策，自2008年3月15日起执行。

8. 关于转发《关于延长对鲜活农产品运输车辆免收通行费时限的紧急通知》的通知

（河北省高速公路管理局　冀高收〔2008〕45 号　2008 年 2 月 3 日）

各管理处、公司：

现将冀交征传〔2008〕1 号《关于延长对鲜活农产品运输车辆免收通行费时限的紧急通知》（见附件）转发给你们，各单位要站在讲政治的高度，认真执行对鲜活农产品运输车辆免收通行费政策，确保鲜活农产品运输车辆快速免费通行。各单位要指定专人负责按时将鲜活农产品流通"绿色通道"运行情况报送局收费处。

联系电话：0311－85921811，83031241；传真：0311－85921862

附件

关于延长对鲜活农产品运输车辆免收通行费时限的紧急通知

（河北省交通规费征收稽查局　冀交征传〔2008〕1号）

各设区市交通局、省高管局、厅项目办、省道开中心：

根据交通运输部《关于延长鲜活农产品运输"绿色通道"应急机制时限的紧急通知》（交公路明电发〔2008〕9号）要求，省厅决定将我省原定2008年1月25日8时至2月6日24时，对鲜活农产品运输车辆免收通行费政策延长至2008年3月31日。各单位要严格按照本通知规定，认真执行"绿色通道"对鲜活农产品运输车辆免收通行费政策。同时，将截至2月5日、2月15日、2月29日、3月15日、3月31日五个时间段的政策执行情况于当日上午12时前报省征稽局通行费科。具体内容按《关于报送鲜活农产品流通"绿色通道"运行情况的通知》（冀交征便〔2008〕5号）规定填报。

联系人：王恒义

联系方式：（0311）83030202转2261，83050074（传真）

电子邮箱：ZJJTXF@SOHU.COM

9. 关于印发《河北省港口国际标准集装箱运输车辆优惠缴纳公路通行费实施办法(试行)》的通知

(河北省交通厅 冀交征〔2008〕83 号 2008 年 3 月 10 日)

各设区市交通局,省高管局、厅项目办、省道开中心、省交通通信局:

为贯彻落实省政府关于对进出我省港口和石家庄内陆港国际标准集装箱运输车辆优惠缴纳通行费的政策,更好地促进我省港口事业发展,根据省物价局、交通厅、财政厅《关于我省收费公路对集装箱运输车辆实行计重收费的通知》(冀价行费〔2008〕4 号)精神,结合我省实际情况,制定了《河北省港口国际标准集装箱运输车辆优惠缴纳公路通行费实施办法(试行)》。现印发给你们,请遵照执行。

附件:河北省港口国际标准集装箱运输车辆优惠缴纳公路通行费实施办法(试行)

附件

河北省港口国际标准集装箱运输车辆优惠缴纳公路通行费实施办法(试行)

第一章　总　　则

第一条　为贯彻落实河北省人民政府关于对进出本省港口和石家庄内陆港国际标准集装箱车辆优惠缴纳通行费的政策,促进本省港口事业发展,根据河北省物价局、交通厅、财政厅《关于我省收费公路对集装箱运输车辆实行计重收费的通知》(冀价行费〔2008〕4号)精神,结合本省实际,制定本办法。

第二条　本办法适用于进出本省秦皇岛港、京唐港、黄骅港、曹妃甸港以及石家庄内陆港的国际标准20英尺、40英尺集装箱运输车辆。上述车辆在通行本省收费公路时,其所缴通行费在按河北省人民政府批准的《我省收费公路载货车辆计重收费费率标准方案》计算的基础上,给予50%的优惠。对超限30%以上的车辆,不再享受此优惠政策。

第三条　原则上采用高速公路"IC通行卡"、河北省进出港口集装箱车辆"优惠卡"和"集装箱设备交接单"相结合的方式,确定享受优惠政策的国际标准集装箱运输车辆。

高速公路"IC通行卡"是指进出秦皇岛港、京唐港、黄骅港、曹妃甸港以及石家庄内陆港以及石家庄内陆港时,由指定的高速公路收费站发出的"IC通行卡"或由指定的高速公路收费站回收的"IC通行卡",为享受优惠政策的有效通行卡。

河北省进出港口集装箱车辆"优惠卡"是指对进出秦皇岛港、京唐港、黄骅港、曹妃甸港以及石家庄内陆港的本省国际标准集装箱运输车辆,经主管部门认定后所发放的专用优惠凭证。

"集装箱设备交接单"是指由我省港口管理机构对进出港口的国际标准集装箱车辆核验后,发放的专用货物交接凭据,并作为享受我省进港集装箱车辆优惠政策的有效证明。

第四条　下列高速公路收费站为国际标准集装箱运输车辆进出港的指定收费站:

秦皇岛港:京秦高速公路宝山段秦皇岛东收费站。

京唐港:唐港高速公路港口收费站,唐津高速公路唐港收费站。

黄骅港:沧黄高速公路黄骅港主线收费站。

曹妃甸港:唐曹高速公路唐曹主线收费站。

石家庄内陆港:石安高速公路藁城西收费站。

第二章　"优惠卡"的办理

第五条　"优惠卡"的发放范围仅限于我省集装箱运输公司的集装箱运输车辆,具体由本省集装箱运输公司和港口管理机构双方共同确定享受优惠政策的国际标准集装箱运输车辆,按要求将相关材料报河北省交通规费征收稽查局审查;高速公路片区联网收费结算中心(以下简称结算中心)依据批复意见和申领资料,分片制作和发行“优惠卡”,并负责“优惠卡”的信息管理和黑名单下发等工作。

第六条 本省集装箱运输公司和港口管理机构应向河北省交通规费征收稽查局提供以下相关材料:集装箱运输公司和港口管理机构共同提交的书面申请;集装箱运输公司和港口管理机构签订的进出港合作协议;集装箱运输车辆清单(包括公司名称、车型和车号等);集装箱运输企业的法人代码复印件。

第七条 “优惠卡”主要包含运输公司名称、车型(轴型)、车号、使用区域和有效期限等信息。“优惠卡”实行一车一卡。

“优惠卡”使用区域是指办理国际标准集装箱运输车辆“优惠卡”的结算中心所管辖的区域范围。“优惠卡”不能跨区使用。

“优惠卡”有效期限是指本省集装箱运输车辆凭此卡在使用区域内可享受优惠政策的有效时间。有效期限暂定为一年,过期无效。

第三章 优惠认定办法

第八条 对持有“优惠卡”的本省国际标准集装箱运输车辆,在行驶规定区域内高速公路,符合装载标准并由指定收费站进出时,凭“优惠卡”,经收费站工作人员核验后享受50%的优惠政策。

行驶京承、邯长等不在联网收费片区内的高速公路和普通收费公路时,凭“优惠卡”和“集装箱设备交接单”,经收费站工作人员核验登记后享受50%的优惠政策。

第九条 对外省市国际标准集装箱运输车辆临时进出我省港口在符合装载标准并由指定收费站进出时,凭“集装箱设备交接单”,经收费站工作人员核验登记后享受50%的优惠政策。

第十条 对于享受优惠政策的国际标准集装箱运输车辆,如遇高速公路“IC 通行卡”出现U型、无卡、人为损卡、换卡、伪卡等情况,一律按计价行费字〔2007〕24号文件有关规定进行处理。

第四章 “优惠卡”的管理

第十一条 “优惠卡”信息与国际标准集装箱运输车辆信息不符的,收费员应当场没收其“优惠卡”,按非进出我省港口的集装箱运输车辆缴费,可享受30%的优惠政策。同时,上报结算中心,由结算中心将其列入“黑名单”。

第十二条 非国际标准集装箱运输车辆持“优惠卡”驶入高速公路收费站的,收费员应当场没收“优惠卡”,并按普通货车收取通行费。

第十三条 国际标准集装箱运输车辆通过指定高速公路收费站进出港口时,“优惠卡”损坏或信息不可读取的,可暂凭车辆携带的“集装箱设备交接单”替代。

第十四条 “优惠卡”在有效期限内如发生丢失或损坏等特殊情况，可按照第二章重新办理。

第十五条 “优惠卡”不得调换、转让、涂改。若有以上行为，一经查实，收费员应当场没收，并上报结算中心将其列入“黑名单”。

第十六条 “优惠卡”在每年12月份集中办理一次，其他时间不再办理。

第五章 监督检查

第十七条 高速公路片区联网收费结算中心凭河北省交通规费征收稽查局审批意见办理集装箱运输车辆“优惠卡”，不得擅自扩大范围，违者将责令其改正并在全省予以通报批评。

第十八条 收费站工作人员未按规定进行核验登记，或私自扩大优惠范围，将按照冀交监察字〔1999〕6号文件规定的贪污作弊行为进行相应处罚。

第十九条 集装箱运输公司和港口管理机构应严格界定享受“优惠卡”的集装箱运输车辆范围，凡提供虚假信息，或不按规定使用集装箱运输车辆“优惠卡”的，一经查实，将取消其办理“优惠卡”的资格。

第二十条 各级通行费管理单位应严格执行本办法规定，加强监督检查。

第六章 附 则

第二十一条 本办法由河北省交通厅负责解释。

第二十二条 对本办法试行中发现的问题应逐级反馈，以便及时修正。

第二十三条 本办法自2008年3月15日起实施。

10. 关于一、二片区高速公路集装箱运输车辆实行优惠50%通行费相关问题的通知

（河北省交通通信管理局　冀交信管函〔2008〕13号　2008年3月28日）

京石、石安、石太、保津、青银、邢临、石黄、京沪、沧黄、衡德、津汕、青红、保沧、京张、宣大、丹拉、张石、京承高速公路管理处(公司)：

为贯彻冀价行费〔2008〕4号文件精神要求，我局近期将对一、二片区高速公路联网收费软件进行升级，现就相关问题通知如下：

1. 定于2008年3月31日早8:00河北省一、二片区高速公路联网收费软件进行切换，切换后可以对进出我省港口且超载30%以内的集装箱运输车辆实行优惠50%计重收费。

2. 对2008年3月31日早8:00前行驶一、二片区高速公路的在途进出我省港口集装箱运输车辆，在下道收费时如超载30%以内可实行优惠50%计重收费。

3. 集装箱运输车辆是否符合实行优惠50%计重收费相关标准，由各站收费人员根据冀交征〔2008〕83号文件内容人工确认。

11. 转发交通运输部关于继续做好鲜活农产品运输“绿色通道”工作的通知

（河北省交通规费征收稽查局　冀交征传〔2008〕4 号　2008 年 12 月 31 日）

各设区市交通局，省高管局、项目办、道路开发中心：

现将交通运输部《关于继续做好鲜活农产品运输“绿色通道”工作的通知》（交公路明电〔2008〕1231 号）转发给你们，请遵照执行。对在全省收费公路上整车合法装载鲜活农产品运输车辆，继续执行免收车辆通行费政策，确保“绿色通道”畅通。

附件：交公路明电〔2008〕1231 号

附件

交通运输部明传电报

发往地址	见报头	签批或盖章	

等级　特提　　　　交公路明电〔2008〕1231号

关于继续做好鲜活农产品运输“绿色通道”工作的通知

各省、自治区交通厅，北京、重庆市交通委员会，天津市市政公路管理局、上海市城乡建设和交通委员会：

根据党的十七届三中全会《关于推进农村改革发展若干重大问题的决定》提出的“发展农产品现代流通方式，减免运销环节收费，长期实行绿色通道政策，加快形成流通成本低、运行效率高的农产品营销网络”要求，部正会同有关部门研究调整“绿色通道”政策。为做好岁末年初“绿色通道”政策的衔接工作，在新政策出台之前，对在国家确定的“五纵二横”、“绿色通道”上行驶的整车合法装载鲜活农产品运输车辆，要按照现有政策继续免收车辆通行费。各级交通主管部门要加强监督检查，确保“绿色通道”畅通，相关措施落实到位。

二〇〇八年十二月三十一日

12. 关于严格执行绿色通道政策的通知

（河北省高速公路管理局（集团） 冀高收〔2009〕208号 2009年4月10日）

各管理处（公司）：

为认真贯彻落实交通运输部、省政府办公厅关于“绿色通道”政策的相关精神，特通知如下：

一、严格执行“绿色通道”车辆收费政策，任何单位和个人不得随意扩大执行标准。

二、鲜活农产品认定标准请按《鲜活农产品品种目录》（见附表）执行。

附表

鲜活农产品品种目录

类　别		常见品种示例
新鲜蔬菜	白菜类	大白菜、普通白菜(油菜、小青菜)
	甘蓝类	菜花、芥蓝、西蓝花、结球甘蓝
	根菜类	萝卜、胡萝卜、芜菁
	绿叶菜类	芹菜、菠菜、莴笋、生菜、空心菜、香菜、茼蒿、茴香、木耳菜
	葱蒜类	洋葱、大葱、西香葱、大蒜、蒜苗、蒜薹、韭菜
	茄果类	茄子、青椒、辣椒、西红柿
	豆类	扁豆、荚豆、豌豆、四季豆、毛豆、蚕豆、豆芽、豌豆苗
	瓜类	黄瓜、丝瓜、冬瓜、西葫芦、苦瓜、南瓜、舌瓜、佛手瓜、蛇瓜
	水生蔬菜	莲藕、荸荠、水芹、茭白
	新鲜食用菌	平菇、原菇、金针菇、滑菇、蘑菇、木耳
	多年生和杂类蔬菜	竹笋、芦笋、金针菜(黄花菜)
新鲜水果	仁果类	苹果、梨、海棠、山楂
	核果类	桃、李、杏、杨梅、樱桃
	浆果类	葡萄、提子、草莓、猕猴桃、石榴
	柑橘类	橙、桔、柑、柚、柠檬
	热带及亚热带水果	香蕉、菠萝、龙眼、荔枝、橄榄、枇杷、椰子、芒果、杨桃、木瓜、火龙果、番石榴、榴莲
	什时果	枣、柿子、无花果
	瓜果类	西瓜、甜瓜、哈密瓜、香瓜
鲜活水产品(仅指活的、新鲜的)		鱼类、虾类、贝类、蟹类
活的畜禽	家畜	猪、牛、羊、马、驴(骡)
	家禽	鸡、鸭、鹅
新鲜的肉、蛋、奶		新鲜的鸡、鸭、鹅、鹌鹑蛋、新鲜的家畜肉和家禽肉、新鲜奶

备注:(一)不属于绿色通道政策范围的易混淆的产品种类有:薯芋类(如土豆、生姜、芋头、山药等)、非新鲜使用菌(如干木耳、干香菇等)、坚果类产品(如核桃、山核桃、栗子、银杏、香榧等)、观赏鱼类、非畜禽类产品(如蝎子、蜜蜂、蚕、青蛙等)、粮食类(如大米、大麦、小米、玉米、花生、黄豆、红豆、甘蔗等)、非肉类产品(如动物内脏)、调味类产品(如花椒、大料等)。冷(藏)冻产品(包括各类冷冻、冷藏、冰鲜、冰冻产品)。(二)目录中仅列出了一些常见的鲜活农产品品种,对于实际工作中出现的,未在目录中列举出的鲜活农产品,各单位可根据自身情况及日常工作经验予以补充、完善。

13. 转发交通运输部、国家发展改革委关于进一步完善和落实鲜活农产品运输绿色通道政策的通知

（河北省高速公路管理局　冀高收费〔2010〕33 号　2010 年 1 月 11 日）

各管理处、公司：

现将交通运输部、国家发展改革委《关于进一步完善和落实鲜活农产品运输绿色通道政策的通知》(交公路发〔2009〕784 号)转发给你们。请各单位按照文件精神，认真贯彻、严格落实。鲜活农产品品种按文件中《鲜活农产品品种目录》执行，原高管局《关于严格执行绿色通道政策的通知》(冀高收〔2009〕208 号)中规定的《鲜活农产品品种目录》同时废止。

附件：关于进一步完善和落实鲜活农产品运输绿色通道政策的通知

附件

关于进一步完善和落实鲜活农产品运输绿色通道政策的通知

（交公路发〔2009〕784 号）

各省、自治区、直辖市、新疆生产建设兵团交通运输厅（局、委）、发展改革委、物价局，天津市市政公路管理局：

为贯彻落实《中共中央国务院关于 2009 年促进农业稳定发展农民持续增收的若干意见》（中发〔2009〕1 号）确定的“长期实行并逐步完善鲜活农产品运销绿色通道政策，推进在全国范围内免收整车合法装载鲜活农产品车辆的通行费”政策，为农村改革发展创造良好的政策环境，经研究，现就鲜活农产品运输“绿色通道”政策有关问题通知如下：

一、进一步优化和完善鲜活农产品运输“绿色通道”网络

对《全国高效率鲜活农产品流通“绿色通道”建设实施方案》（交公路发〔2005〕20 号）中确定的国家“五纵二横”鲜活农产品运输“绿色通道”，各地要坚决落实各项相关政策，免收整车合法装载运输鲜活农产品车辆的车辆通行费。同时，各省、自治区、直辖市要按照中央一号文件精神，结合本地实际，加快构建区域性“绿色通道”，建立由国家和区域性“绿色通道”共同组成的、覆盖全国的鲜活农产品运输“绿色通道”网络，并在全国范围内对整车合法装载运输鲜活农产品的车辆免收车辆通行费。

二、明确界定“绿色通道”政策中鲜活农产品的范围

按照交公路发〔2005〕20 号文件的有关规定，享受“绿色通道”政策的鲜活农产品是指新鲜蔬菜、水果，鲜活水产品，活的畜禽，新鲜的肉、蛋、奶。为统一政策、便于操作，交通运输部、国家发展改革委经商有关部门，对鲜活农产品具体品种进行了进一步界定，制定了《鲜活农产品品种目录》（附后）。各地应严格按照《鲜活农产品品种目录》，落实“绿色通道”车辆通行费减免政策。

畜禽、水产品、瓜果、蔬菜、肉、蛋、奶等的深加工产品，以及花、草、苗木、粮食等不属于鲜活农产品范围，不适用“绿色通道”运输政策。

三、落实配套措施，强化监督手段

（一）整车装载的含义。整车装载，是指享受“绿色通道”政策的车辆，装载鲜活农产品应占车辆核定载质量或车厢容积的 80% 以上，且没有与非鲜活农产品混装等行为。未达到上述装载标准，或与其他货物混装的运输车辆，不享受“绿色通道”政策。

（二）规范操作程序，提高通行效率。各地交通运输主管部门要加强收费人员特别是

新增“绿色通道”收费站人员的培训，进一步提高一线收费人员对“绿色通道”政策的认知和执行能力。要积极探索研究快速鉴别鲜活农产品运输车辆的方法，充分利用高科技手段，或者综合利用配货单以及农业等有关部门出具的农产品检验检疫证作为鲜活农产品运输车辆的辅助查验手段，尽量缩短鲜活农产品运输车辆查验和通过收费站的时间。

（三）规范路面执法管理，保障鲜活农产品运输车辆的通行安全。路面执法人员在执法中，对鲜活农产品运输车辆轻微违法的，应以教育为主；对严重违法的，要严格依法处罚，努力为鲜活农产品运输创造安全畅通的道路交通环境。

（四）严厉打击假冒鲜活农产品、超限超载运输鲜活农产品等违法行为。对假冒、违法超限超载运输鲜活农产品的车辆，以及有其他违法行为、拒绝通过指定车道或拒不接受查验的鲜活农产品运输车辆，可不给予“绿色通道”免收车辆通行费的优惠政策；对有故意堵塞收费道口等扰乱收费秩序行为的车辆，应按照《收费公路管理条例》等有关规定依法予以处罚。

（五）对经营性收费公路企业的影响进行研究。各地交通运输、价格等部门要对“绿色通道”政策调整对收费公路带来的影响进行认真研究和评估。对于影响较大的经营性收费公路企业，视情给予补偿。新批收费公路项目时，要充分考虑鲜活农产品运输车辆的影响，合理确定其交通流量。

四、做好相关服务工作

（一）加强养护管理，保证道路畅通。各地交通运输主管部门和公路管理机构要切实加强公路日常养护管理，及时修复路面病害，做到路况良好、路容整齐、标志明显、绿化美化、安全畅通。要着力提高公路出行信息服务水平和应急保障能力，保障公路畅通，减少交通延误，提高鲜活农产品运输效率。

（二）规范标志设置，方便驾驶人员识认。为确保鲜活农产品运输车辆能够方便快捷地通过收费站，各收费站点应尽可能开辟“绿色通道”专用道口，并按照《关于规范鲜活农产品流通“绿色通道”标识设置工作的通知》（交公路发〔2007〕24 号）的有关要求，在专用道口上方设置统一的“绿色通道”专用道口指路标志，引导鲜活农产品运输车辆迅速通过专用收费道口；同时，在收费站公示牌旁以及通道沿线的醒目位置，设置政策公示牌，向驾驶人员公布“绿色通道”的有关政策规定及监督电话。

（三）广泛开展宣传，营造良好氛围。各地要通过电视、电台、网络、报刊、杂志，以及发放宣传资料、设置公告牌等多种方式进行广泛宣传，力争使“绿色通道”政策的基本内容家喻户晓、深入人心；要深入鲜活农产品生产基地、批发市场、货运集散地，加强对货主单位、承运单位和人员进行政策法规方面的宣传和教育，进一步增强从业人员依法装载、合法运营的意识，为“绿色通道”政策的实施营造良好的社会氛围。

以上，自 2010 年 1 月 1 日起实行。

附件：鲜活农产品品种目录

附件

鲜活农产品品种目录

类别		常见品种示例
新鲜蔬菜	白菜类	大白菜、普通白菜(油菜、小青菜)、菜薹
	甘蓝类	菜花、芥蓝、西蓝花、结球甘蓝
	根菜类	萝卜、胡萝卜、芜菁
	绿叶菜类	芹菜、菠菜、莴笋、生菜、空心菜、香菜、茼蒿、茴香、苋菜、木耳菜
	葱蒜类	洋葱、大葱、香葱、蒜苗、蒜薹、韭菜、大蒜、生姜
	茄果类	茄子、青椒、辣椒、西红柿
	豆类	扁豆、荚豆、豇豆、豌豆、四季豆、毛豆、蚕豆、豆芽、豌豆苗、四棱豆
	瓜类	黄瓜、丝瓜、冬瓜、西葫芦、苦瓜、南瓜、佛手瓜、蛇瓜、节瓜、瓠瓜
	水生蔬菜	莲藕、荸荠、水芹、茭白
	新鲜食用菌	平菇、原菇、金针菇、滑菇、蘑菇、木耳(不含干木耳)
	多年生和杂类蔬菜	竹笋、芦笋、金针菇(黄花菜)、香椿
新鲜水果	仁果类	苹果、梨、海棠、山楂
	核果类	桃、李、杏、杨梅、樱桃
	浆果类	葡萄、提子、草莓、猕猴桃、石榴、桑葚
	柑橘类	橙、橘、柑、柚、柠檬
	热带及亚热带水果	香蕉、菠萝、龙眼、荔枝、橄榄、枇杷、 椰子、芒果、杨桃、木瓜、火龙果、番石榴、莲雾
	什时果	枣、柿子、无花果
	瓜果类	西瓜、甜瓜、哈密瓜、香瓜、伊丽莎白瓜、华莱士瓜
鲜活水产品(仅指活的、新鲜的)		鱼类、虾类、贝类、蟹类
	其他水产品	海带、紫菜、海蜇、海参
活的畜禽	家畜	猪、牛、羊、马、驴(骡)
	家禽	鸡、鸭、鹅、家兔、食用蛙类
	其他	蜜蜂(转地放蜂)
新鲜的肉、蛋、奶		新鲜的鸡蛋、鸭蛋、鹅蛋、鹌鹑蛋、新鲜的家畜肉和家禽肉、新鲜奶
备注		

14. 关于宽体轮胎载货车辆计重收费有关问题的通知

（河北省交通运输厅　冀交公〔2010〕221 号　2010 年 4 月 29 日）

各设区市交通（运输）局，厅公路局、省高管局、省交通通信局：

最近，省高管局就宽体轮胎载货车辆计重收费时轴载重量认定标准进行请示（冀高收费〔2010〕383 号），为解决宽体轮胎载货车辆计重收费中存在的问题，经研究，现将有关意见通知如下：

一、宽体轮胎载货车辆计重收费时轴载重量认定标准，按照交通运输部交公路发〔2009〕527 号文件规定执行。在计重收费设施改造和收费软件修订等工作未完成前，收费站遇到该车型车辆缴费时，通过收费员、班长、监控员共同审核的方式，将车辆的品牌型号、生产厂家、轴组、车牌号及实车照片等信息记录下来，进行人为修正收缴通行费。

二、收费公路计重收费系统硬件使用年限到期需要更新时，更新的计重收费系统硬件要满足认定宽体轮胎的需要。新开通的高速公路计重收费系统硬件在招标采购时必须满足认定宽体轮胎的需要。

三、请省交通通信局结合严重超载车辆计重收费再加价政策的出台，抓紧研究宽体轮胎载货车辆的计重收费问题，改造收费软件，实现人工干预判别、微机计费、打印票据、数据上传的功能。各收费管理单位在省交通通信局改进措施的基础上，抓紧落实，对收费系统软、硬件进行改造，实现宽体轮胎载货车辆自动计费。

附件：关于进一步加强和规范治理车辆非法超限运输工作的通知

附件

关于进一步加强和规范治理车辆非法超限运输工作的通知

（交公路发〔2009〕527号）

各省、自治区、直辖市、新疆生产建设兵团交通运输厅（局、委），天津市市政公路管理局，上海市交通运输和港口管理局：

近年来，各地交通运输主管部门认真贯彻落实《国务院办公厅关于加强车辆超限超载治理工作的通知》（国办发〔2005〕30号）和九部委《关于印发全国车辆超限超载长效治理实施意见的通知》（交公路发〔2007〕596号）等文件规定，积极会同有关部门，深入开展治理车辆非法超限超载运输，取得了明显成效。但最近一段时期，一些地方治超工作出现了松懈苗头，部分路段特别是取消收费的政府还贷二级公路超限超载现象反弹明显。今年5月，中央电视台报道了个别治超执法人员以罚代管、目测认定超限超载等执法行为不规范的问题，此后黑龙江和天津又连续发生非法超限超载运输车辆压垮桥梁的重大事故，在社会上产生了较大影响。为贯彻落实国务院领导同志批示及全国治超工作现场会议精神，进一步规范和加强治超工作，现将有关事项通知如下：

一、进一步健全和巩固治超工作机制

各地交通运输主管部门要严格按照国家有关规定和全国治超工作现场会的要求，积极向地方政府汇报治超工作情况，配合地方政府及有关部门，完善“省级政府主导、市县政府负责、部门协作实施、区域联动治理、责任倒查保障”的治超工作机制，通过签订责任状等形式，进一步明确治超工作目标及责任。要牵头研究制定治超工作责任追究办法、治超工作绩效考核办法等相关政策措施及工作制度，进一步完善治超法规和制度体系，通过实施治超工作责任追究、定期通报治超工作绩效、实行治超工作绩效与公路建设项目审批联动管理等措施，推动本地区治超工作深入扎实开展。要结合成品油价格和税费改革工作，报请省级人民政府统筹安排，通过调剂等方式解决治超工作机构设置和人员编制等问题，并加强与地方财政等部门的沟通，争取在制定本地区成品油消费税替代公路养路费等六费专项资金转移支付及使用管理办法时，将治超工作经费纳入预算范围。

二、逐步完善路面监控网络

继续按照“高速公路入口阻截劝返、普通公路站点执法监管、农村公路限宽限高保护”的总体要求，加快推进全路网治超监控网络建设。对高速公路，要充分利用其全封闭特点，加强入口处称重检测，并对非法超限超载运输车辆进行劝返阻截，严格控制非法超限超载运输车辆进入高速公路行驶。对其他公路，特别是已经取消收费的政府还贷二级公路，要结合本地区路网结构和交通量分布与变化等情况，按照“科学布点、规模适度、总量控制”的

原则，研究制订检测站点调整方案，在报经省级人民政府批准后组织实施，确保实现全路网严密监控。要加强超限检测站点规范化建设，加快推进治超信息系统联网管理，实现治超工作联防联治。要及时掌握在用桥梁的技术状况和运行情况，对存在安全隐患的公路桥梁要及时增设或者更新桥梁通行限定标志，并根据需要采取流动治超检测、专人值守等有效手段，防止超过限定标准的车辆非法行驶公路桥梁。

三、坚持强化路面执法力度

继续坚持并不断完善交通、公安联合执法机制，加强执法力量配置，并以超限检测站点为依托，采取固定站点检测与流动巡查相结合的方式，切实加大货运车辆运行监控与治超执法力度。对经静态检测确认为非法超限超载运输的车辆，必须责令停止行驶，并责令相关责任人进行卸载或转运，及时消除违法行为；整车运送鲜活农产品或油气等危险化学品的非法超限超载车辆，按有关规定处理。同时将违法信息抄告所属道路运输管理机构按规定处理。对于货运车辆跨行较为集中的相邻地区，可积极推进区域联动治理，针对性地组织开展联合治超专项行动。

四、执行统一的超限认定标准

在国家颁布新的超限认定标准之前，各地交通运输主管部门及公路管理机构要继续严格执行原交通部、公安部、国家发展改革委《关于进一步加强车辆超限超载集中治理工作的通知》（交公路发〔2004〕455 号）的有关规定。其中，对已列入《汽车生产企业及产品公告》（以下简称公告）且符合《道路车辆外廓尺寸、轴荷及质量限值》（GB 1589—2004，以下简称“GB 1589”），安装名义断面宽度超过 400（公制系列）或 13.00（英制系列）轮胎的车辆，每侧为单轮胎的单轴最大限值按 10000 千克计算；每侧为单轮胎且并装轴的，暂以公告核定的总质量为最大限值；对此类车辆实施计重收费时，也应按照上述标准予以认定。对以列入公告且符合 GB 1589 的配备非转向、重型可举升空气悬架系统的车辆，暂以公告核定的总质量为超限认定标准；对实载车辆在行驶过程中未将悬架浮桥落地使用的，要予以纠正并酌情处罚，对非法改装的悬浮轴车辆，其悬浮轴不予认可，并按有关规定予以处理。

五、积极推行违法处罚基准制

各省级交通运输主管部门可在国家有关法律、法规和规章规定的处罚幅度范围内，结合本地区实际，建立和推行治超处罚自由裁量权基准制度，进一步细化执法标准，指导一线治超执法工作人员根据违法行为的性质、情节和危害后果实施对应处罚，实现治超执法合法性与合理性的有机统一。同时，要积极协调公安交通管理部门，严格执行《道路交通安全法》及国办发〔2005〕30 号、交公路发〔2007〕596 号等文件规定，切实落实违法超限超载驾驶人记分制度，进一步提升治超执法工作效力。

六、严肃治超执法纪律

各地治超执法工作人员要牢固树立依法行政、执法为民的意识，不断提高严格执法、规

范执法的能力和水平，坚决杜绝粗暴执法和随意执法现象。各地交通运输主管部门要加强监督检查，对违反治超工作“五不准”、“十条禁令”等有关规定的工作人员，要按照《关于加强治超站点管理规范治超执法行为的通知》（交公路发〔2005〕351 号）等有关规定严肃处理；情节严重的，要追究有关领导的责任。

七、加强治超安全管理

各地交通运输主管部门要高度重视一线治超工作人员的人身安全，积极完善和落实保障措施。要积极协调公安等部门，大力推广交通与公安联合治超执法模式；条件具备的超限检测站，可在站内专门设置公安民警办公室，进一步加强超限检测站点治安管理，维护治超工作正常秩序。要引导治超工作人员切实增强安全防范意识，加强自我保护，禁止实施正面拦截或者拖拽车辆等危险行为；遇到违法车辆强行闯卡、逃逸的，可通过协调下游有关部门进行阻截处理，原则上不得现场追查。

15. 转发关于宽体轮胎载货车辆计重收费有关问题的通知

（河北省高速公路管理局　冀高收费〔2010〕557 号　2010 年 5 月 14 日）

各管理处、公司、筹建处：

现将《河北省交通运输厅关于宽体轮胎载货车辆计重收费有关问题的通知》（冀交公字〔2010〕221 号）转发给你们，为贯彻落实好交通运输部文件精神和河北省交通运输厅的指导性意见，结合我局收费管理实际及计重收费的相关作业流程，对于宽体轮胎载货车辆计重收费处理方式特提出以下具体要求：

一、审核原则：采取收费员、班长、监控员“三位一体，共同审核”方式，将车辆的品牌型号、生产厂家、轴组、车牌号及实车照片等信息记录下来，报备本单位监控中心。

二、费额计算：按车道数据中重量、轴数、出入口站等信息，用费额计算软件进行人工修正计算。冀星公司已编制出成型的费额计算软件，无此计算软件的单位尽快到冀星公司学习或拷贝，冀星公司将无偿提供软件及技术。

三、收费方式：由本单位监控中心通过修正计算，按计算出的实际应缴费额，以出具定额票的手工收费方式进行收费。

四、宽体轮胎载货车辆计重收费作业流程：见附件。

五、费额的拆分：各单位在每月 5 日前将此专项费额的各种收费信息、证据盖章后提交本片区结算中心。结算中心将此专项费额作为特殊情况，在对未拆分款额拆分前，依据各单位提供的收费信息、证据将此专项款额提前进行人工拆分。

六、各单位要加强收费稽查工作，对于涉及轴型修改的作业流程，应全部稽核。

七、宽体轮胎载货车辆在通过收费站时，因需要特殊流程操作，会在收费系统中产生免费车信息，各单位应做好此种情况的注解及数据分离工作，避免在实际工作中出现数据误差。

本处理方式为暂时性处理方式，只适用于全省实现宽体轮胎载货车辆自动计费之前。各单位计重设备需要更新时，所更换的计重设备必须满足认定宽体轮胎的需要。在建的高速公路，计重设备在招标采购时必须满足认定宽体轮胎的需要。

望各单位认真落实，切实保障合法运输户的正当权益。

附件：宽体轮胎载货车辆计重收费作业流程

附件

宽体轮胎载货车辆计重收费作业流程

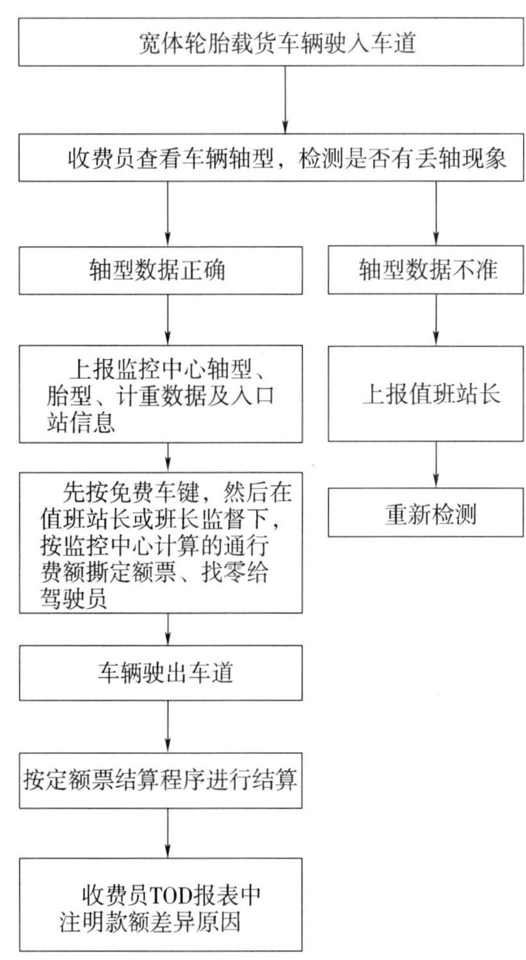

16. 关于变更费额拆分原则的通知

（河北省高速公路联网收费二片区管理委员会
冀高联Ⅱ〔2010〕2 号　2010 年 6 月 22 日）

二片区联网结算中心：

根据《河北省交通运输厅关于宽体轮胎载货车辆计重收费有关问题的通知》（冀交公字〔2010〕221 号）精神，当收费站遇有宽体轮胎载货车辆缴费时，将实行“人为修正收缴通行费”，具体方式为：按车道数据中重量、轴数、出入口站等信息，用费额计算软件进行人工修正计算，按计算出的实际应缴费额，以出具定额票的手工收费方式进行收费。

为贯彻落实好交通运输部文件精神和河北省交通运输厅的指导性意见，结合本联网片区的工作实际及计重收费的相关作业流程，现将调整费额拆分原则的具体情况通知如下：

一、各成员单位在每月 5 日前将宽体轮胎载货车辆通行费专项费额的各种收费信息、证据盖章后提交片区结算中心，结算中心将此专项费额作为特殊情况，在对未拆分款额拆分前，依据各单位提供的收费信息、证据将此专项款额提前进行人工拆分。

二、宽体轮胎载货车辆通行费专项费额拆分后，剩余部分的未拆分费额仍按原费额拆分原则进行拆分。

三、当片区成员单位对宽体轮胎载货车辆计重收费相关问题有疑问时，由联网结算中心根据《河北省交通运输厅关于宽体轮胎载货车辆计重收费有关问题的通知》（冀交公字〔2010〕221 号）精神，参照《河北省高速公路管理局转发关于宽体轮胎载货车辆计重收费有关问题的通知》（冀高收费〔2010〕557 号）内容进行解释。

请你中心严格落实本通知要求，做好宽体轮胎载货车辆通行费专项费额拆分工作。

17. 转发省物价局、省交通运输厅、省财政厅关于我省收费公路货运车辆计重收费等有关问题的通知

（河北省高速公路管理局　冀高收费〔2010〕1353 号　2010 年 11 月 9 日）

各管理处、公司：

现将河北省物价局、交通运输厅、财政厅《关于我省收费公路货运车辆计重收费等有关问题的通知》（冀价行费〔2010〕39 号）转发给你们，并根据文件精神提出如下几点具体要求：

一、宣传到位，向社会普及相关政策。各级管理单位要深入做好宣传工作，可提前印刷宣传单在各收费站口发放，并利用可变情报板进行信息发布，及时将计重收费政策调整的内容和意义向司乘人员进行公布。

二、制订预案，及时协调有关部门。各级管理单位要针对自身特点制订操作性强的应急和保畅预案，并提前同路政、交警部门沟通协调，争取他们的支持。遇有紧急情况，及时启动预案，必要时通知路政和交警部门到场，维护正常的交通秩序，保障公路畅通。

三、积极配合软件调整、预警运行工作，确保《通知》按期执行，并做好数据统计、分析及前景预测工作。在收费软件调整和预警运行期间，各级管理单位要积极配合，主动提供工作支持。各管理单位要将相关收费数据做细致的统计，结合数据统计，对新政策执行后的车流量、车流构成及通行费收入做科学分析和预测，及时调整管理思路。

附件：关于我省收费公路货运车辆计重收费等有关问题的通知

附件

关于我省收费公路货运车辆计重收费等有关问题的通知

（冀价行费〔2010〕39 号）

各设区市物价局、交通局、财政局：

我省收费公路实施计重收费以来，通过完善车辆通行费计量方式，以经济手段引导、调控货运车辆合理装载，对遏制车辆超限超载，逐步建立以疏导为主的长效治超机制起到了积极作用。但通过几年的运行我们发现，现行收费政策一是对严重超载超限车辆没有达到有效的遏制，超载超限车辆直接威胁到公路、桥梁安全；二是缺乏对 U 转、无卡、损卡等特殊客运车辆的处理依据，因此，根据《河北省治理货运车辆超限超载规定》（省政府令〔2010〕第 4 号）和交通运输部《关于调整计重收费有关参数问题的复函》（厅公路便〔2010〕5 号）的有关规定，经省政府批准，我们对我省现行计重收费政策进行了修订和完善。现将收费公路货运车辆计重收费等有关问题通知如下：

一、计重收费实施范围

货运车辆实施计重收取车辆通行费。货运车辆实施计重收费后，车辆通行费主要依据行驶里程、车辆重量和费率系数确定。客运车辆（包括载客类汽车、手扶或小四轮拖拉机、机动载客三轮车）通行费收取仍按现行车型分类及收费标准执行。

二、计重收费基本费率标准

（一）封闭式高速公路：长深高速（原唐津）、荣乌高速（原保津）、黄石高速（原石太）、京藏高速（原京张）0.08 元/吨公里，京哈高速（原京秦廊坊段）、京藏高速（原丹拉）、张石、大广高速（原京承）0.075 元/吨公里，京港澳高速（原京石、石安）、青银、邢临、青兰高速（原邯长）、京哈高速（原京秦宝山段）、京深高速（原唐山西外环）、长深、宣大 0.07 元/吨公里，京沪高速河北段、黄石高速（原沧黄）0.065 元/吨公里，黄石高速（原石黄）、衡德、唐港 0.06 元/吨公里。

（二）开放式普通收费公路：李家沟隧道、营涝线营子收费站计重基本费率 1.0 元/吨车次，其他普通收费公路收费站计重基本费率 1.7 元/吨车次。

本通知没有包括的收费公路，以及新开通的高速公路、普通收费公路，按省物价局、财政厅、交通运输厅批准的计重收费率标准执行。

三、货运车辆计重收费标准

（一）车货总重 55 吨以内（含 55 吨）货运车辆的计重收费标准。

1. 正常装载（不超限）货运车辆的计重收费标准。

（1）高速公路。车货总质量小于或等于 10 吨的车辆按基本费率计费，10 吨至 49 吨的车

辆按基本费率线性递减到基本费率的55%计费,大于49吨的车辆按基本费率的55%计费。

(2)普通公路。车货总质量小于或等于10吨的车辆按基本费率计费,10吨至49吨的车辆按基本费率线性递减到基本费率的50%计费,大于49吨的车辆按基本费率的50%计费。

2. 超限运输货运车辆的计重收费标准。

(1)超限率≤30%的车辆,正常装载部分按递减后的基本费率计费(车货总质量小于或等于10吨的车辆按基本费率计费),超限0~30%部分按基本费率计费。

(2)30%<超限率≤100%的车辆,正常装载部分按递减后的基本费率计费(车货总质量小于或等于10吨的车辆按基本费率计费),超限0~30%部分按基本费率计费,超限30%~100%部分按基本费率1倍线性递增至6倍计费。

(3)超限率>100%的车辆。正常装载部分按递减后的基本费率计费(车货总质量小于或等于10吨的车辆按基本费率计费),超限0~30%部分按基本费率计费,超限30%~100%部分按基本费率1倍线性递增至6倍计费,超限100%以上部分按基本费率的16倍计费。

(二)车货总重超过55吨货运车辆的计重收费标准。

禁止车货总重超过55吨的货运车辆行驶收费公路。对采用中途倒装、闯卡等极端方式驶入我省收费公路的车货总重超过55吨的货运车辆,执法人员应责令其就近卸载,消除违法行为;同时,55吨以内(含55吨)部分按上述(一)计重收费标准计算确定,超过55吨以上部分按基本费率的16倍计费。

四、特殊车辆处理(含客运车辆)

(一)集装箱车。国际标准集装箱运输车辆计重收费仍执行省物价局、省交通厅、省财政厅《关于我省收费公路对集装箱运输车辆实行计重收费的通知》(冀价行费〔2008〕4号)的规定,但车货总重超过55吨时按本文件的有关规定执行。

(二)按国家和省政府有关规定应予免缴通行费和享受“绿色通道”优惠政策的载货车辆,超限运输时,按计重收费的计费标准全额收取通行费,不再享受减免政策。

(三)U型车。指IC卡中记载的入口站和出口站信息相同的车辆。此类车辆入出站时间在30分钟(含30分钟)以内的,免收通行费;入出站时间在30分钟以上的,无正当理由和证据,按路网中距离本站最远收费站收费标准收取通行费。

(四)无卡车。指由于车主原因,将IC卡遗失的车辆。此类车辆经系统查询,如果入口信息与实际车辆一致,则按照实际行驶里程收取通行费;否则按路网中距离本站最远收费站收费标准收取通行费。另外,收取IC卡成本费,每卡10元。

(五)人为损卡车。指车主持有有明显人为损坏痕迹的IC卡,导致出口无法读取卡上信息的车辆,此类车辆经系统查询,如果入口信息与实际车辆一致,则按照实际行驶里程收取通行费;否则按路网中距离本站最远收费站收费标准收取通行费。另外,收取IC卡成本费,每卡10元。

(六)换卡车。指出口的车辆与出示的入口站发放的IC卡中记录的相关信息不一致的车辆。此类车辆按路网中距离本站最远收费站收费标准的3倍收取通行费。

（七）伪卡车。指伪造 IC 卡的车辆。对伪造 IC 卡的车辆，没收伪卡，按路网中距离本站最远收费站收费标准的 3 倍收取通行费；另外，收取 IC 卡成本费，每卡 10 元。同时，出口站将处理情况上报结算中心，伪卡持有者送交公安机关处理。

（八）超时车。指路网内出入站时间超过 24 小时以上、路段内出入站时间超过 12 小时以上的车辆。经系统查询，出入口信息一致，但无正当理由和证据的，按路网最远里程收取通行费；若出入信息不一致，按“换卡车”处理。

（九）出口闯卡车。指在出站口冲岗的车辆。此类车辆按收费标准的 3 倍收取通行费。

（十）经有关部门批准，持有核发的大件运输行政许可证件的载货车辆不做超限处理，按实际重量计费。

（十一）月票车。普通收费公路载货车辆办理月票的现行政策不变。符合条件购买月票的载货汽车超限 30% 以上时，超限部分按计重收费标准收费。

（十二）客货两用车，按照载货类汽车实施计重收费。

五、其他

（一）计费取整办法。货运车辆实施计重收费后，为了车辆通行费收缴便利，按照“三七作五、二八归零”的原则确定通行费具体金额。车货总质量不足 5 吨时按 5 吨计费；计费不足 5 元时按 5 元计收。

（二）车道收费系统采取计重和车型两种收费方式并行使用，当计重设备出现故障时，改为按车型收费方式收费。

（三）实行计重收费后收费公路收费年限，仍按省政府的有关规定执行。

六、保障措施

（一）广泛宣传。计重收费政策调整将直接影响到广大运输业户的经济利益，社会反响大，事关国民经济诸多环节和收费公路健康持续稳定发展，为保证新旧政策的顺利衔接，确保此项工作顺利实施，各级交通部门要加强与新闻媒体的联系与沟通，多角度、全方位宣传计重收费政策调整的内容和意义。要向社会公布咨询投诉电话，及时掌握有关信息，为群众释疑解惑，协调解决工作中出现的有关问题。

（二）实施预警运行。在调整后的计重收费政策实施前，要进行为期半个月的预警运行。通过计重收费系统称重，向超载车主进行预警提示，公示车辆超过公路承载能力比例和计重收费应缴通行费额，强化政策宣传，教育、劝导车主规范运输。

（三）制订应急和保畅预案。各级交通主管部门要会同有关部门制订切实可行的应急和保畅预案，明确责任，保障调整后的计重收费政策顺利实施。遇到紧急情况，立即启动预案，维护正常的交通秩序，保障公路畅通。

本通知自 2010 年 12 月 15 日起执行。原省物价局、省交通厅、省财政厅《关于我省收费公路载货车辆计重收费费率标准及有关问题的通知》（冀价行费字〔2007〕24 号）停止执行。

18. 关于《关于我省收费公路货运车辆计重收费等有关问题的通知》暂缓实施的通知

（河北省物价局　河北省交通运输厅　河北省财政厅
冀价行费〔2010〕48 号　2010 年 11 月 29 日）

各设区市物价局、交通局、财政局：

经研究，省物价局、省交通运输厅、省财政厅下发的《关于我省收费公路货运车辆计重收费等有关问题的通知》（冀价行费〔2010〕39 号）暂缓实施。具体实施日期另行通知。

19. 关于《关于我省收费公路货运车辆计重收费等有关问题的通知》继续执行的通知

（河北省物价局　河北省交通运输厅　河北省财政厅
冀价行费〔2011〕3号　2011年3月1日）

各设区市物价局、交通运输局、财政局：

经研究，省物价局、省交通运输厅、省财政厅《关于我省收费公路货运车辆计重收费等有关问题的通知》（冀价行费〔2010〕39号）自2011年4月1日起执行。请各收费公路管理单位做好政策宣传工作，提前15天实施预警运行，确保平稳顺利实施。

20. 转发交通运输部、国家发展改革委、财政部关于进一步完善鲜活农产品运输绿色通道政策的紧急通知

（河北省交通运输厅　河北省发展和改革委员会　河北省财政厅
冀交公〔2011〕68 号　2011 年 3 月 3 日）

各设区市交通运输局、发改委、财政局，厅公路局、省高管局（集团）：

现将交通运输部、国家发展改革委、财政部《关于进一步完善鲜活农产品运输绿色通道政策的紧急通知》（交公路发〔2010〕715 号）转发给你们，请按照通知精神，认真抓好贯彻落实。本通知自 2011 年 4 月 1 日起执行。我省相关政策与国家规定不一致的，按国家有关规定执行。

附件：1. 绿色通道政策公告牌内容式样
　　　2. 关于进一步完善鲜活农产品运输绿色通道政策的紧急通知

附件 1

绿色通道政策公告牌内容式样

河北省高效率鲜活农产品流通绿色通道
公　告

1. 本路段属高效率鲜活农产品流通“绿色通道”。

2. 对整车合法装载运输鲜活农产品的车辆,免收车辆通行费。

3. 鲜活农产品是指新鲜蔬菜、水果,鲜活水产品,活的畜禽,新鲜的肉、蛋、奶。马铃薯、甘薯(红薯、白薯、山药、芋头)、鲜玉米、鲜花生。畜禽、水产品、瓜果、蔬菜、肉、蛋、奶等深加工产品,以及花、草、苗木、粮食等不属于鲜活农产品范围,不适用“绿色通道”运输政策。

4. 整车装载,是指享受“绿色通道”政策的车辆,装载鲜活农产品应占车辆核定载质量或车厢容积的 80% 以上,对《鲜活农产品品种目录》(以下简称《目录》)范围内不同鲜活农产品混装的车辆;对《目录》范围内的鲜活农产品与《目录》范围外的其他农产品混装,且混装的其他农产品不超过车辆核定载质量或车厢容积 20% 的车辆,比照整车装载鲜活农产品运输车辆执行。对超限超载幅度不超过 5% 的鲜活农产品运输车辆,比照合法装载车辆执行。

5. 对假冒、违法超限超载运输鲜活农产品车辆,拒绝通过指定车道或拒不接受查验的鲜活农产品运输车辆,以及有其他违法行为的运输鲜活农产品车辆,不享受“绿色通道”免收车辆通行费的优惠政策。

6. 监督电话:0311 - 83035052

附件 2

关于进一步完善鲜活农产品运输绿色通道政策的紧急通知

（交公路发〔2010〕715 号）

各省、自治区、直辖市、新疆生产建设兵团交通运输厅（局、委）、发展改革委（物价局）、财政厅（局），天津市市政公路管理局：

为贯彻落实《国务院关于稳定消费价格总水平保障群众基本生活的通知》（国发〔2010〕40 号）和《国务院关于进一步促进蔬菜生产保障市场供应和价格基本稳定的通知》（国发〔2010〕26 号）精神，进一步完善和落实农产品运输“绿色通道”政策，降低流通成本，更好地促进鲜活农产品流通，现就有关问题紧急通知如下：

一、扩大鲜活农产品运输“绿色通道”网络

从 2010 年 12 月 1 日起，全国所有收费公路（含收费的独立桥梁、隧道）全部纳入鲜活农产品运输“绿色通道”网络范围，对整车合法装载运输鲜活农产品免收车辆通行费。新纳入鲜活农产品运输“绿色通道”网络的公路收费站点，要按规定开辟“绿色通道”专用道口，设置“绿色通道”专用标识标志，引导鲜活农产品运输车辆优先快速通过。

二、增加鲜活农产品品种

按照国发〔2010〕40 号文件的要求，将马铃薯、甘薯（红薯、白薯、山药、芋头）、鲜玉米、鲜花生列入交通运输部、国家发展改革委《关于进一步完善和落实鲜活农产品运输绿色通道政策的通知》（交公路发〔2009〕784 号）确定的《鲜活农产品品种目录》（以下简称《目录》），落实免收车辆通行费等相关政策。

三、进一步细化“整车合法装载”的认定标准

在继续执行交通运输部、国家发展改革委《关于进一步完善和落实鲜活农产品运输绿色通道政策的通知》（交公路发〔2009〕784 号）的基础上，考虑车辆配载的实际情况，对《目录》范围内不同鲜活农产品混装的车辆，应认定为整车合法装载鲜活农产品，按规定享受鲜活农产品运输“绿色通道”各项政策；对《目录》范围内的鲜活农产品与《目录》范围外的其他农产品混装，且混装的其他农产品不超过车辆核定载质量或车厢容积 20% 的车辆，比照整车装载鲜活农产品车辆执行。考虑车辆计重设备可能出现的合理误差，对超限超载幅度不超过 5% 的鲜活农产品运输车辆，比照合法装载车辆执行。

四、加强和规范检测工作，提高“绿色通道”通行效率

各地交通运输主管部门和相关单位要积极争取地方政府及有关部门支持，根据实际工

作需要，可在重要路段的"绿色通道"收费道口配备数字辐射透视成像等检测设备，逐步建立以自动检测为主、人工查验为辅的鲜活农产品运输"绿色通道"检测体系，利用科技手段，尽可能缩短鲜活农产品运输车辆的查验时间，提高合法运输车辆的通行效率。对于交通量大、经常发生交通拥堵的收费站，应增设收费车道或加强人工疏导，维护正常通行秩序，确保"绿色通道"畅通。与此同时，各地要加大检查力度，重点打击假冒鲜活农产品运输车辆骗逃车辆通行费等违法行为，确保道路运输行业公平竞争和运输市场秩序稳定。

五、进一步健全监督工作机制

根据国务院的统一部署，完善鲜活农产品运输"绿色通道"政策，由地方各级人民政府负责组织落实。一是地方各级交通运输、价格、财政主管部门要严格执行国务院决策要求，迅速行动，在省级人民政府的统一领导下，不折不扣地落实好车辆通行费免收等优惠政策。二是建立健全政策执行监督机制，明确专人负责，定期对相关部门和单位"绿色通道"政策落实情况进行监督检查。三是公布"绿色通道"政策投诉电话，认真受理群众的举报和投诉，及时研究解决"绿色通道"政策运行中出现的各类问题，切实维护广大群众和公路经营企业的合法利益。四是及时协调解决"绿色通道"政策执行过程中的问题，重大情况要及时向省级人民政府、交通运输部、国家发展改革委的财政部门反映。

21. 转发厅公路管理局关于印发大件运输车辆计重收费操作流程的通知

（河北省高速公路管理局　冀高收费〔2011〕649 号　2011 年 6 月 20 日）

各管理处、公司：

现将河北省交通运输厅公路管理局《关于印发大件运输车辆计重收费操作流程的通知》（冀交公路函通〔2011〕549 号）转发给你们，请按照文件精神，认真贯彻执行。

附件：关于印发大件运输车辆计重收费操作流程的通知

附件

关于印发大件运输车辆计重收费操作流程的通知

（冀交公路函通〔2011〕549 号）

各设区市交通运输局，省高管局：

近期，我局不断接到收费管理单位咨询对持有大件运输行政许可证件的运输车辆进行计重收费的问题。

根据省物价局、省交通运输厅、省财政厅《关于我省收费公路货运车辆计重收费等有关问题的通知》（冀价行费〔2010〕39 号）规定，经有关部门批准，持有核发的大件运输行政许可证件的载货车辆不做超限处理，按实际重量计费。为落实上述政策，我省收费公路计重收费系统对此设有专门操作“窗口”。

为进一步规范大件运输车辆计重收费问题，严格执行有关政策，现将持有大件运输行政许可证件的载货车辆计重收费操作流程（附后）印发给你们，请在实际工作中严格执行。

持有大件运输行政许可证件的载货车辆计重收费操作流程

经有关部门批准,持有大件运输车辆通行证的载货车辆不做超限处理,按实际重量计费。

1. 当持有大件运输车辆通行证的车辆到达收费窗口时,自动识别车牌或录入车牌,按确定键进入录入车型界面;

2. 提示录入车型的界面时按下[模拟]键,出现如下界面:

请选择特殊车辆类型

⊙1:普通车辆	○3:出口闯关车
○2:大件运输车辆	○4:删除当前车辆数据

3. 按数字 2 键,按下[确定]键;

4. 界面提示录入车型,按下[9]键;

5. 将卡放入卡箱读取通行卡,如果车牌、车型与卡中记录相符,车道显示或自动计算费额;

6. 如果车牌、车型与卡中记录不相符,则收费员重新输入;如果与卡中记录相符,显示费额;否则等待站监控确认,等待站监控确认正确的车牌、车型;

7. 收取费额,按下[确认]键,进行打票;

8. 再次按下[确认]键,栏杆抬起,车辆通行;

9. 车辆离开后,栏杆自动落下。

22. 关于印发绿色通道车辆查验规定(试行)的通知

(河北省高速公路管理局　冀高收费〔2011〕949号　2011年9月6日)

各管理处、公司:

我局已初步形成了重点收费站应用辐射成像绿色通道车辆检查系统,一般收费站应用伸缩式简易内部探测仪辅以人工常规检测方式的高速公路绿色通道车辆检查体系。

为进一步规范绿色通道车辆查验流程,现将《河北省高速公路管理局绿色通道车辆查验规定(试行)》(见附件)印发给你们,望各单位遵照执行。

附件

河北省高速公路管理局绿色通道车辆查验规定(试行)

一、对于无需深入查验,通过目测就可以直接判断为绿色通道车辆的(超限率不超过5%时),采取快速放行原则,由收费员报请监控,监控员根据监控画面确认后,授权免费放行,并做好相应记录(记录表格要求内容详尽,各单位根据本单位实际自行设计、制作)。

二、对于不便目测观察的箱式货车(含不便观察的其他货车)需要做必要的查验后,才能确定是否为绿色通道车辆的(超限率不超过5%时),按照以下流程进行查验:

(一)绿色通道车辆人工常规查验流程

1. 绿色通道车辆驶入绿色通道专用车道时,由班长(或绿色通道车辆查验员)按照绿色通道车辆标准进行查验。

2. 对于苫布遮盖车辆,要对车辆左右两侧及后侧掀开苫布进行货物查验,并对于车辆两侧货物和车辆后部(要同时包括货物和车牌照)分别进行拍照;对于厢式货车,要将车辆后厢门完全打开,对所载货物进行查验,并对车辆后部(要同时包括货物和车牌照)进行拍照。

3. 监控人员在班长(或绿色通道车辆查验员)拍照的同时,要及时将摄像头调整好角度,拉近镜头对绿色通道车辆的车牌、货物及查验过程进行录像。

4. 符合享受优惠政策的,由收费人员在《绿色通道车辆登记表》(各单位根据本单位实际自行设计、制作)中记录通过时间、车牌号、入口站、载货种类及吨位、免收费额等信息,班长(或绿色通道车辆查验员)当场签字,同时上报监控确认,免费放行;对不符合绿色通道车辆优惠政策的,收费人员要在《不符合绿色通道优惠政策车辆登记表》(各单位根据本单位实际自行设计、制作)中记录通过时间、入口站、车牌号、收费额、不合格原因,班长(或绿色通道车辆查验员)当场签字,同时上报监控确认,按规定收费。

5. 交接班时,班长(或绿色通道车辆查验员)要将照相机交给站值班领导,由站值班领导将本班所拍摄的照片导入到计算机中,并分日期、分班妥善保存;处理完毕后,站值班人员将照相机交给下一班次。

6. 对于绿色通道车辆所拍照片及录像,保存周期不得少于60天,以备核查。

7. 各站要按照规定由当日值班管理人员分班次核查照片及录像,并及时做好记录,记录内容包括:日期、班次、值班领导、监控员、照片导出人员、核查人、核查结果。

(二)伸缩式绿色通道车辆简易内部探测仪查验流程

1. 绿色通道车辆驶入绿色通道专用车道,由班长(或绿色通道车辆查验员)使用伸缩式绿色通道车辆内部探测仪进行车辆内部查验时,要先抓拍该绿色通道车辆牌照号码和车尾部外貌。

2. 对于苫布遮盖车辆，要对车辆左右两侧及后侧掀开苫布对货物进行仪器查验，查验时要伸展仪器，尽可能的对货物内部和顶部进行查验并录像、拍照；对于厢式货车，要将车辆后厢门完全打开，对所载货物进行仪器查验，查验时要伸展仪器，尽可能的对货物内部和顶部进行查验并录像、拍照。

3. 每辆绿色通道车辆针对货物抓拍的静态图片不少于 3 张，视频不小于 10 秒。

4. 监控人员在班长（或绿色通道车辆查验员）进行查验工作的同时，要及时将摄像头调整好角度对绿色通道车辆的车牌、货物及查验过程进行录像。

5. 符合享受优惠政策的，由收费人员在《绿色通道车辆登记表》中记录通过时间、车牌号、入口站、载货种类及吨位、免收费额等信息，班长（或绿色通道车辆查验员）当场签字，并注明"仪器查验"字样，同时上报监控确认，免费放行；对不符合绿色通道车辆优惠政策的，收费人员要在《不符合绿色通道优惠政策车辆登记表》中记录通过时间、入口站、车牌号、收费额、不合格原因，班长（或绿色通道车辆查验员）当场签字，并注明"仪器查验"字样，同时上报监控确认，按照规定收费。

6. 存储资料保存周期（暂定值，各站可根据实际情况调整，向本单位稽查部门备案即可）：绿色通道车辆较多的收费站每周两次，绿色通道车辆较少的收费站每周一次，集中将录像、图片转存到移动磁盘或光盘上，加注日期、时间记录或标签保存（具体转存操作时间由各单位根据本单位实际，统一规定）。查验人员不得删除仪器中的存储资料。对于绿色通道车辆所拍录像、照片，保存周期不得少于 60 天，以备核查。

7. 转存资料人员确认转存成功后，即可删除电脑中的资料，交给绿色通道车辆查验人员使用。

8. 各站要由当日值班管理人员分班次核查照片及录像，并及时做好记录，记录内容包括：日期、班次、值班领导、监控员、录像及照片导出人员、核查人、核查结果。

（三）后置式辐射成像绿色通道车辆检查系统查验流程。

1. 绿色通道车辆驶入绿色通道专用车道，并向收费员申报绿色通道车辆时，收费员应立刻通知班长（或绿色通道车辆查验员）。

2. 班长（或绿色通道车辆查验员）人工抬杆，引导车辆前往检查系统，收费员将该车信息删除，同时上报监控。

3. 车辆通过检查系统后停车，图检员根据透视扫描图片判断是否为绿色通道车辆。

4. 符合享受优惠政策的，由图检员在《绿色通道车辆登记表》中记录通过时间、车牌号、入口站、载货种类及吨位、免收费额，同时上报监控确认后免费放行；不符合绿色通道车辆优惠政策的，图检员要在《不符合绿色通道优惠政策车辆登记表》中记录通过时间、入口站、车牌号、收费额、不合格原因，同时上报监控后按照相关规定收费。

5. 所有操作必须在监控范围内进行，监控员要对整个查验过程全程监督。

6. 对于绿色通道车辆货物成像图片要永久保存，为以后的查验工作积累材料；对于监控录像，保存周期不得少于 60 天，以备核查。

7. 各站要按照规定由当日值班管理人员分班次核查货物成像图片及录像，并及时做好记录，记录内容包括：日期、班次、值班领导、监控员、图检员、核查人、核查结果。

三、绿色通道车辆信息的汇总

（一）票证人员对每班次收费人员登记的符号和不符合绿色通道车辆分别进行汇总，并与监控记录相核对，如一致，留存备查，如不一致，及时查找原因，核对清楚。

（二）收费站每月对本站的绿色通道车辆汇总信息进行分析后，上报本单位收费管理部门。

（三）以站为单位建立绿色通道车辆档案，及时将相关资料存档。

四、绿色通道车辆查验流程图

1. 人工常规查验流程图

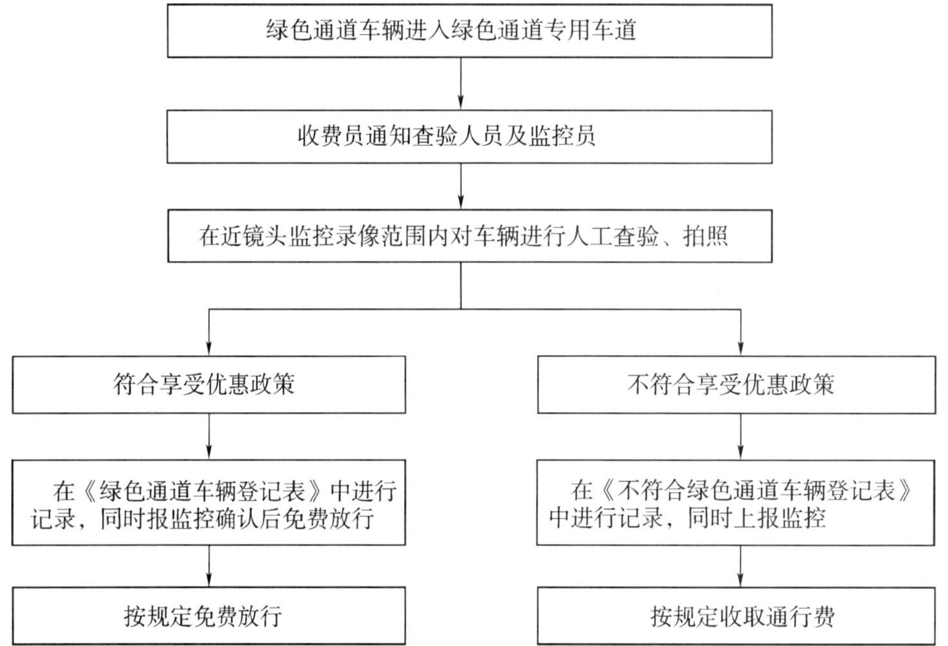

2. 伸缩式绿色通道车辆简易内部探测仪查验流程图

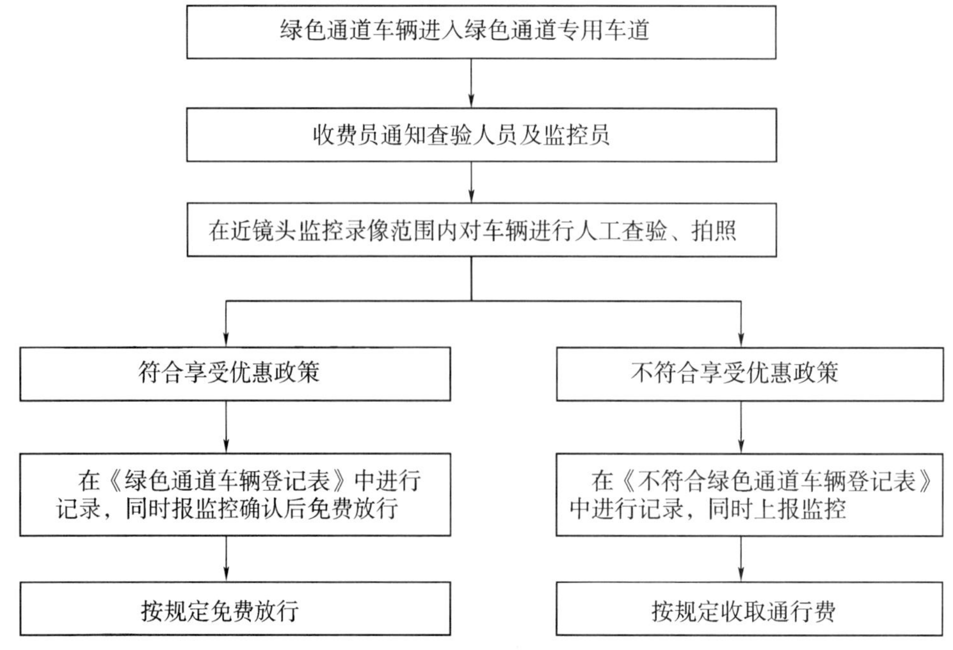

3. 后置式辐射成像绿色通道车辆检查系统查验流程图

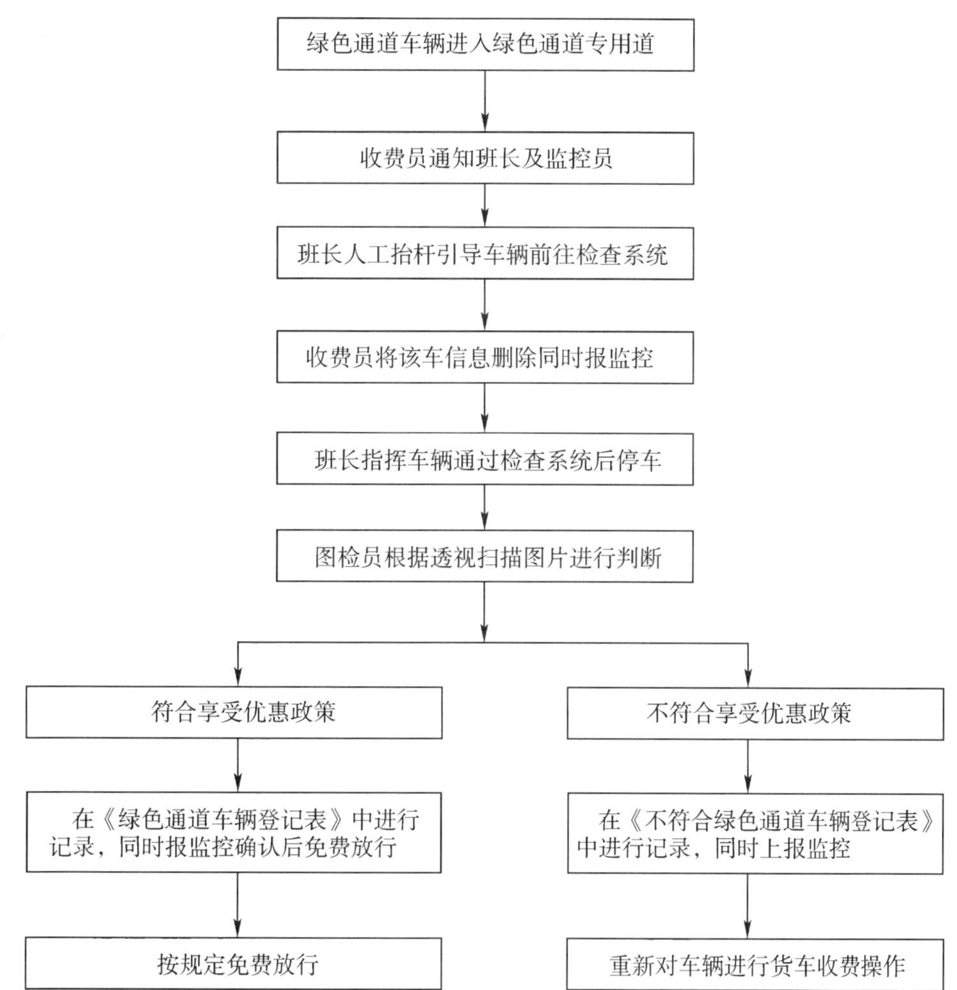

23. 关于进行河北省高速公路电子收费通行费九五折宣传的通知

（河北省高速公路管理局指挥调度中心
冀高指调工〔2011〕47 号　2011 年 10 月 31 日）

局属各管理处、公司，中心信息调度科：

2011 年 7 月 15 日河北省物价局、河北省财政厅联合下发了《关于落实国家三部委促进高速公路应用联网电子不停车收费技术的意见》（冀价行费〔2011〕24 号），要求对我省 ETC 用户（包括记账卡等非现金支付方式用户）给予 5% 的通行费优惠政策。2011 年 10 月 28 日，河北省交通运输厅转发了省物价局、财政厅落实国家三部委促进高速公路应用联网电子不停车收费技术的意见（冀交公〔2011〕815 号）。据此，河北省高速公路管理局决定于 11 月 1 日开始实施九五折优惠政策，同时开始进行宣传。

自 2011 年 11 月 1 日起，各管理处、公司在可变情报板中滚动播放以下宣传语"河北高速 ETC 通行费九五折优惠！快速、省钱！不停车畅行京津冀！垂询电话：96122。ETC 让高速更高速！"；信息调度科在服务器室外宣传屏上播放两分钟及 20 秒 ETC 宣传片，在河北交通广播中插播以下内容"河北省高速公路管理局提醒：如果经常驾车走高速出行的话，可以选择办理 ETC 业务，那样就可以让您不停车畅行京津冀，同时通行费还有优惠，快速便利、环保省钱，详细情况可以拨打电话：96122 咨询一下。"

附件：1. 关于落实国家三部委促进高速公路应用联网电子不停车收费技术的意见
2. 河北省交通运输厅转发河北省物价局、河北省财政厅关于落实国家三部委促进高速公路应用联网电子不停车收费技术意见的通知

附件 1

关于落实国家三部委促进高速公路应用联网电子不停车收费技术的意见

（冀价行费〔2011〕24 号）

省交通运输厅：

2010 年 11 月 30 日，交通运输部、国家发展改革委、财政部联合下发了《关于促进高速公路应用联网电子不停车收费技术的若干意见》，要求“十二五”期末高速公路非现金支付使用率达到 40%，同时提出对 ETC 用户给予通行费优惠，优惠幅度原则上不少于 5% 的鼓励政策。今年，6 月 23 日你厅向我们报送了《关于落实国家三部委促进高速公路应用联网电子不停车收费技术的意见的函》，建议落实三部委《意见》，对我省 ETC 用户（包括记账卡等非现金支付方式用户）给予 5% 的通行费优惠政策。经认真研究，我们同意你厅意见，对我省 ETC 用户（包括记账卡等非现金支付方式用户）给予 5% 的通行费优惠政策。

附件2

河北省交通运输厅转发河北省物价局、河北省财政厅关于落实国家三部委促进高速公路应用联网电子不停车收费技术意见的通知

（冀交公〔2011〕815号）

各设区市交通运输局，厅公路局、省高管局（集团）、交通通信局：

现将河北省物价局、河北省财政厅《关于落实国家三部委促进高速公路应用联网电子不停车收费技术的意见》（冀价行费〔2011〕24号）转发你们，并就高速公路车辆使用非现金收费方式享受优惠政策有关事宜强调如下，请一并遵照执行。

一、享受优惠政策车辆

（一）客车、货车在现金收费额基础上，享受5%优惠；

（二）月票车未行驶预定客运线路，在现金收费额基础上享受5%优惠；

（三）无卡车、人为损卡车经系统查询，出入口信息一致或超时车有正当理由和证据的，按实际出入口路段收费，在现金收费额基础上享受5%优惠。

二、特殊车辆处理

（一）月票车行驶预定客运路线，按次划扣；

（二）大件运输车辆属特殊类型车辆，不享受通行费5%优惠政策；

（三）无卡车、人为损卡车经系统查询，出入口信息不一致或超时车、U型车无正当理由和证据的，按路网最远里程收取通行费，需现金支付通行费，不享受5%优惠；

（四）车货总重超过55吨或超限率>30%的货车，不享受5%优惠。

24. 转发河北省物价局、河北省财政厅关于落实国家三部委促进高速公路应用联网电子不停车收费技术意见的通知

（河北省高速公路管理局　冀高指调〔2011〕1131 号　2011 年 11 月 1 日）

局属各管理处、公司：

现将河北省交通运输厅《转发河北省物价局、河北省财政厅关于落实国家三部委促进高速公路应用联网电子不停车收费技术意见的通知》（冀交公〔2011〕815 号）转发你们，河北省高速公路电子收费将给予 ETC 用户（包括记账卡等非现金支付方式用户）5% 通行费优惠政策。一片区于 2011 年 11 月 1 日开始实施，京沈片区于 2011 年 11 月 7 日开始实施。请遵照执行。

25. 关于春节期间高速公路车辆通行费免收有关情况的通知

（河北省交通运输厅　2012 年 1 月 15 日）

为保障春节期间高速公路畅通，方便人民群众出行，经省政府批准，全省高速公路在 2012 年春节部分时段对所有合法装载的通行车辆免征车辆通行费。现将有关事宜通知如下：

一、免费时间

自 2012 年 1 月 22 日（农历除夕）0:00 至 2012 年 1 月 23 日（农历正月初一）24:00 止。免费时间按车辆到达收费站出口的北京时间为准。

二、免费范围

行驶我省境内高速公路的所有合法装载车辆（包括客车、货车、ETC 车辆）。

三、操作流程

在免费期间内，所有车辆驶入高速公路时应正常领取通行卡，驶出高速公路时，由收费人员收回通行卡，并执行正常的免费车操作流程后放行。

四、工作要求

（一）各高速公路管理单位要高度重视此次春节期间暂免车辆通行费工作，认真落实有关要求。各收费站在免费期间，收费人员正常轮班上岗，确保收费站车道畅通。

（二）各收费站在免费期间，收费人员要做好对过往司乘人员咨询免费事宜的解释工作，引导车辆减速慢行有序通过收费站口。

（三）省界主线站为外省（市）代收通行费和代发通行卡的工作，按有关规定正常进行。

（四）自接到本通知起，全省高速公路所有可变情报板发布春节期间部分时段免收车辆通行费的公告，公告内容统一为“2012 年 1 月 22 日 0:00 至 1 月 23 日 24:00 合法装载车辆行驶河北省高速公路免收车辆通行费（以出口时间为准）”。1 月 23 日 24:00 后撤销公告内容，恢复正常收费。

（五）各设区市交通运输局和省高管局要认真做好免费期间车流量和免征费额的整理、汇总统计工作，并于 2012 年 1 月 30 日 17:00 前将免费期间的通行车次（客车、货车分别统计）和免征车次、免征费额（客车、货车分别统计）报省厅公路局。联系人：王辉；电话：0311－89169083。

26. 转发省交通运输厅关于完善高速公路超时车管理杜绝误收通行费有关事宜的通知

（河北省高速公路管理局　冀高收费〔2012〕782 号　2012 年 6 月 11 日）

局属各单位：

现将河北省交通运输厅《关于完善高速公路超时车管理杜绝误收通行费有关事宜的通知》(冀交公〔2012〕295 号)转发给你们。在超时车处理过程中，请按照超时车处置原则和程序严格执行。

附件：河北省交通运输厅关于完善高速公路超时车管理杜绝误收通行费有关事宜的通知

附件

河北省交通运输厅关于完善高速公路超时车管理杜绝误收通行费有关事宜的通知

（冀交公〔2012〕295 号）

各设区市交通运输局，省高管局（集团）：

为加强高速公路“超时车”管理，完善措施，做到依法依规妥善处理，杜绝误收通行费现象的发生，现就有关事宜通知如下：

一、超时车的处置原则。高速公路超时车的处置应做到依法依规妥善处理，各单位应遵循如下原则：

（一）当事驾驶员提出正当理由并出具有效证据，车辆按正常通行车辆收取通行费；

（二）当事驾驶员提出正当理由但不能出具有效证据，暂按正常车辆收取通行费，填写《超时车辆登记表》，事后由稽查部门调查核实情况；

（三）经调查核实，超时车辆当事驾驶员提出的“理由和证据”不成立并有作弊事实的，由高速公路管理单位追缴逃交的通行费。

二、超时车的处置程序。为了规范超时车的处置，省厅统一制定了《高速公路超时车处理程序》（详见附件），各单位应严格遵照执行。在实际工作中，各单位要通过完善管理和技术手段，加大调查取证的力度，准确判定合理超时车和作弊超时车，避免误收、错收现象发生，同时要坚持依法依规对违规作弊超时车追缴逃交的通行费。

三、加强高速公路服务区车辆管理。服务区要加强管理和信息采集工作，以便为超时车管理提供依据。在停车区和出入口必须安装监控装置，监控装置的图像质量应满足夜间和不良天气条件下的成像需要，图像资料至少应保存一个月以上。服务区保安人员要加强日常巡查，对在服务区过夜休息的车辆（次日零点以后在服务区停留车辆）逐车进行登记，登记资料至少应保存一年。在服务区，当驾驶员在车上过夜休息有索取证明要求时，由服务区开具车辆在服务区过夜休息的证明。

四、完善公示制度。按照省交通运输厅《关于规范收费站公告牌设置等有关问题的通知》（冀交公〔2010〕617 号）中规定的技术规范等有关要求，在收费站增加设置“特殊车辆处理”公告牌（收费站已有该公告牌的不再设置）。公示内容暂按冀价行费〔2010〕39 号文件规定的有关内容进行公示。

五、强化服务意识，提升服务能力。各单位在对“超时车”等特殊车辆的处置工作中，要坚持以人为本、服务为先的理念，提高服务能力和服务水平，妥善处理纠纷，尽最大努力为车辆和司乘人员提供方便。

附件：高速公路超时车处理程序

附件

高速公路超时车处理程序

为了加强高速公路超时车管理，避免误收、错收情况发生，本着认真对待，慎重、妥善处理的原则，根据河北省物价局、省交通运输厅、省财政厅《关于我省收费公路货运车辆计重收费等有关问题的通知》（冀价行费〔2010〕39 号）有关规定，制定本程序：

一、所述"正当理由"是指由于雨、雾、雪等特殊天气条件以及交通事故造成车辆拥堵引起的车辆超时或在高速公路服务区住宿、餐饮、修车以及在自己车上过夜休息引起的车辆超时等。

所述"证据"是指雨、雾、雪等特殊天气条件以及交通事故造成车辆拥堵相关部门通报的情况以及高速公路管理单位掌握的情况，或在高速公路服务区住宿、餐饮、修车和在自己车上过夜休息由服务区提供的票据或有关证明等。

二、对因雨、雪、雾等特殊天气条件或交通事故造成车辆拥堵而延长车辆行驶时间的，收费站要主动向司乘人员做好解释工作，简化操作程序，并提供必要的帮助。

收费系统判定为超时车

三、收费员通知监控室，由监控室通知值班负责人到现场协助处理。

四、监控员核实车辆情况，按规范进行操作。

五、收费员告知驾驶员车辆超时。收费员规范用语：您的车辆已超时，请您说明情况出具有关证据。

超时车辆处置

六、超时车，经查询出入口信息一致按如下程序操作：

（一）当事驾驶员说明情况，并出具有效证据：

1. 收费员查看证据，上报监控室，监控员确认为正常车辆；
2. 收费员按正常通行车辆收取通行费，予以放行；
3. 收费员规范用语：很抱歉！耽误了您的时间。

（二）当事驾驶员说明情况，但不能出具有关证据或出具无效证据：

1. 收费员上报监控室，监控员确认为正常车辆，暂按正常通行车辆收取通行费；
2. 值班负责人引导车辆驶离收费车道进一步核实情况；
3. 收费员规范用语：很抱歉！我们需要进一步核实情况，请配合我们的工作。

七、超时车，经查询出入口信息不一致按如下程序操作：

（一）系统显示超时，因入口收费站录入或抓拍错误导致信息不一致，驾驶员能出具超时有效证据：

1. 收费员通知监控室，监控员确认为正常车辆，收费员暂按正常通行车辆收取通行费；

2. 收费员规范用语：很抱歉！耽误了您的时间。

（二）系统显示超时，因入口收费站录入或抓拍错误导致信息不一致，驾驶员不能出具超时有效证据：

1. 收费员通知监控室，监控员确认为正常车辆，收费员暂按正常通行车辆收取通行费；

2. 值班负责人引导车辆驶离收费车道进一步核实情况；

3. 收费员规范用语：很抱歉！我们需要进一步核实情况，请配合我们的工作。

（三）系统显示超时，驾驶员承认“换卡”作弊事实：

收费员通知监控室，监控员确认为“换卡车”，收费员按“换卡车”收取通行费。

（四）系统显示超时，但不能立即确认“信息不一致”的证据：

1. 收费员通知监控室，监控员确认为正常车，收费员暂按正常通行车辆收取通行费；

2. 值班负责人引导车辆驶离收费车道进一步核实情况；

3. 收费员规范用语：很抱歉！我们需要进一步核实情况，请配合我们的工作。

《超时车辆登记表》的填写

八、超时车（包括出入口信息不一致同时系统显示超时车）当事驾驶员说明情况，但不能出具有关证据或出具无效证据时填写《超时车辆登记表》。

九、《超时车辆登记表》由值班负责人将车引离收费车道后填写，一车一表。

十、当事驾驶员对《超时车辆登记表》内容核实无误后，双方签字确认。当事驾驶员拒绝签字的，有值班负责人注明情况，并通知监控室保存现场图像存档。

十一、《超时车辆登记表》由收费站上报所属高速公路管理单位稽查部门调查核实。

超时车辆调查和处理

十二、高速公路管理单位稽查部门根据《超时车辆登记表》提供的信息进行核实取证。

十三、经调查核实，当事驾驶员所述“理由和证据”成立和信息不一致是因为“入口站输入或抓拍错误”导致时，按正常车辆处理。

十四、经调查核实，出入站口信息一致，当事驾驶员所述“理由和证据”不成立并且有作弊证据，属违规作弊超时车，稽查部门按路网最远里程计算其补交的通行费；出入站口信息不一致并且有驾驶员作弊证据，属违规作弊超时车按换卡车处理，稽查部门按距离本站最远收费站收费标准的3倍计算其应补交的通行费，上述两种情况稽查部门将调查取证的书证、物证、图像资料与《超时车辆登记表》等，一车一档建立档案备查。

十五、稽查部门调查结束后，根据《超时车辆登记表》中留存的联系方式，告知当事驾驶员作弊的有关事实、处理决定以及接受处理的时间、地点，并告知当事驾驶员逾期不接受处理将列入黑名单系统予以追缴。

十六、稽查部门将逾期未接受处理的作弊超时车辆有关信息按规定输入黑名单系统，

当车辆再次行驶高速公路时由该车辆出口收费站予以追缴,责成车辆按规定补交逃交的通行费。

附件:1. 超时车辆处理流程图(出入口信息一致)
2. 超时车辆处理流程图(出入口信息不一致)
3. 收费站超时车辆登记表

附件 1

超时车辆处理流程图(出入口信息一致)

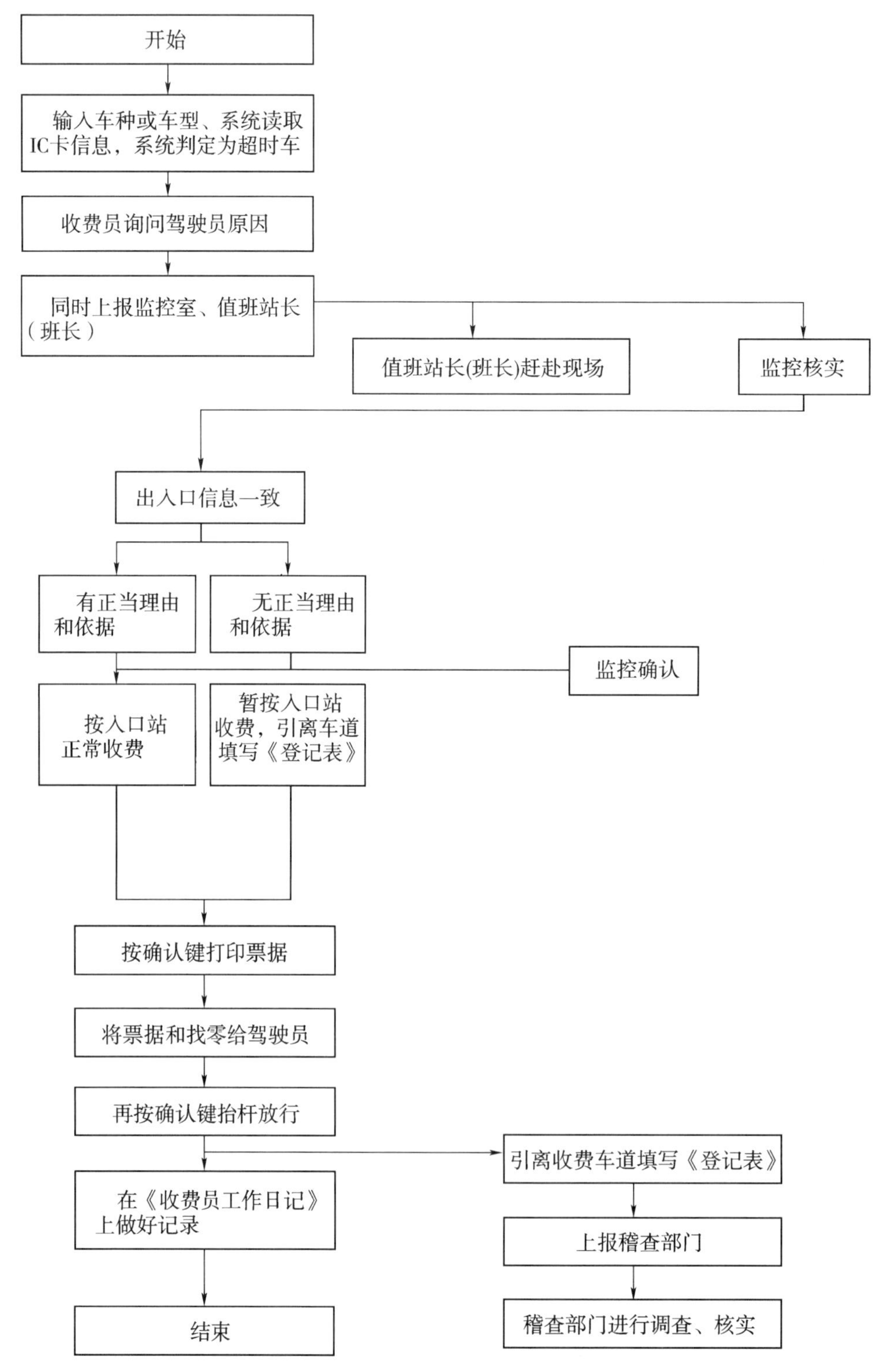

附件 2

超时车辆处理流程图(出入口信息不一致)

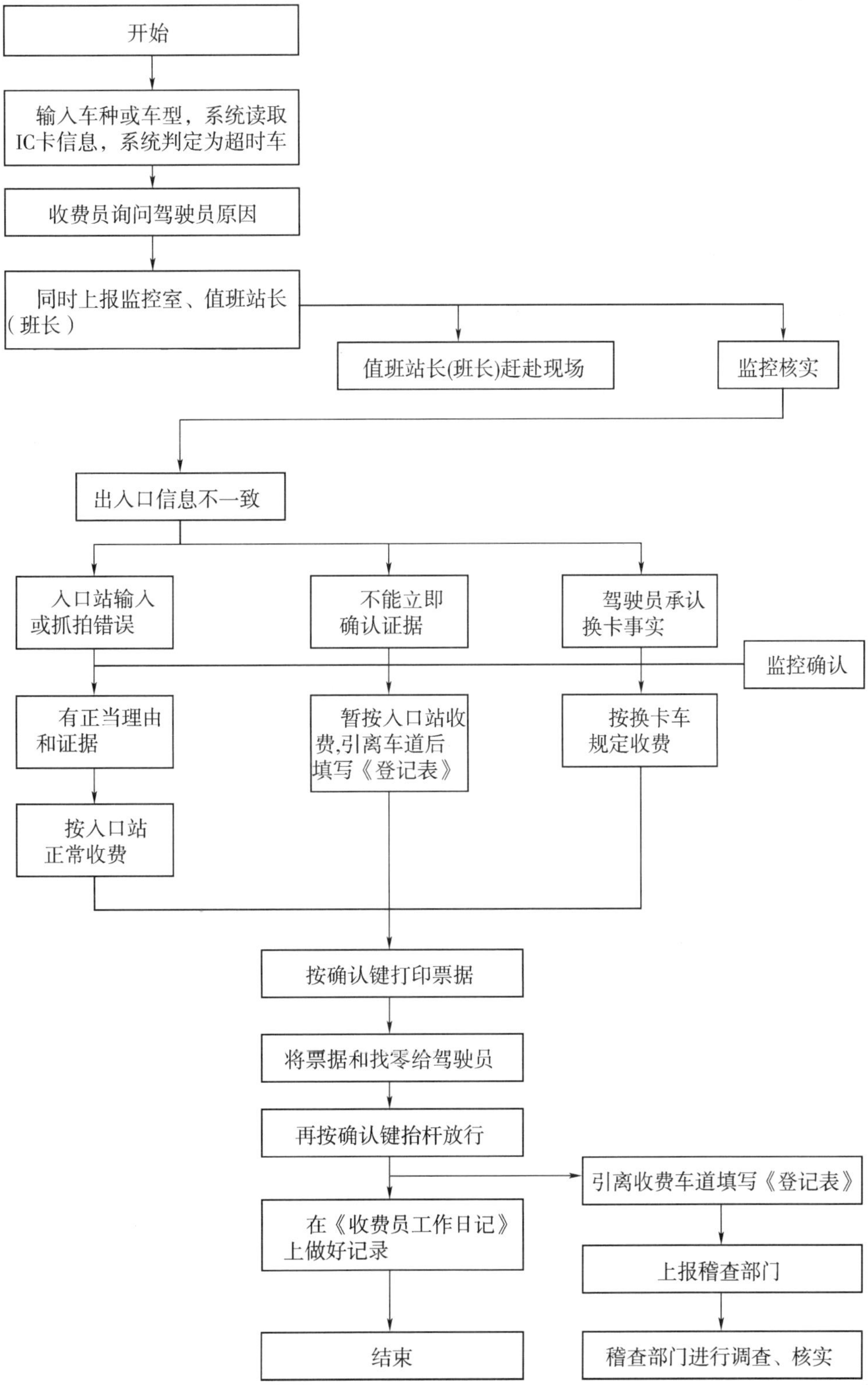

开始

↓

输入车种或车型，系统读取IC卡信息，系统判定为超时车

↓

收费员询问驾驶员原因

↓

同时上报监控室、值班站长（班长）

→ 值班站长(班长)赶赴现场

→ 监控核实

↓

出入口信息不一致

- 入口站输入或抓拍错误 → 有正当理由和证据 → 按入口站正常收费
- 不能立即确认证据 → 暂按入口站收费,引离车道后填写《登记表》
- 驾驶员承认换卡事实 → 按换卡车规定收费

监控确认

↓

按确认键打印票据

↓

将票据和找零给驾驶员

↓

再按确认键抬杆放行

↓

在《收费员工作日记》上做好记录 → 结束

引离收费车道填写《登记表》 → 上报稽查部门 → 稽查部门进行调查、核实

附件 3

______收费站超时车辆登记表

年　月　日

时间		班次		出口车道		车牌号		入口站	
IC 卡号		车型		超时时间		应交金额		实收金额	
驾驶员姓名		联系电话		证件名称		证件号码			
票据类型						票据号码			

事情经过：

以上情况属实。

站值班领导签字：　　　　　　驾驶员签字：